山丘区架空输电线路工程
水土流失综合治理关键技术研究

李　莉　　洪　倩　　孔祥兵　　王志慧
陈晓枫　　侯欣欣　　陈　曦　　编著

U0253268

黄河水利出版社
·郑州·

图书在版编目(CIP)数据

山丘区架空输电线路工程水土流失综合治理关键技术研究/李莉等编著. —郑州:黄河水利出版社,2022.11

ISBN 978-7-5509-3444-3

Ⅰ.①山… Ⅱ.①李… Ⅲ.①山区-架空线路-输电线路-电力工程-水土流失-综合治理-研究 Ⅳ.①S157.1

中国版本图书馆 CIP 数据核字(2022)第 216836 号

策稿编辑:张倩 电话:0371-66026755 QQ:995858488

出　版　社:黄河水利出版社　　　　　　　　　　网址:www.yrcp.com
　　　　　地址:河南省郑州市顺河路黄委会综合楼 14 层　邮政编码:450003
发行单位:黄河水利出版社
　　　　　发行部电话:0371-66026940、66020550、66028024、66022620(传真)
　　　　　E-mail:hhslcbs@ 126.com
承印单位:河南瑞之光印刷股份有限公司
开本:787 mm×1 092 mm　1/16
印张:13.25
字数:322 千字　　　　　　　　　　　　　印数:1—1 000
版次:2022 年 11 月第 1 版　　　　　　　　印次:2022 年 11 月第 1 次印刷

定价:88.00 元

前 言

  输变电工程普遍路径长、跨度大，涉及不同土壤类型、不同坡度条件、不同植被类型、不同气候条件，其水土流失呈有规律的分散点状分布。山丘区架空输电线路工程由于地势起伏，塔基在基础开挖过程中，地表土壤结构和植被极易被破坏，原坡面坡度也极易被改变，势必会造成一定的水土流失。特别是山坡型塔基，如产生的渣土处置不当，就极易形成长坡面溜渣，治理难度非常大，会对生态环境造成极大破坏。

  同时，工程建设初期，普遍存在水土保持措施落实不到位，导致水土保持设施自验收阶段，仍旧存在水土流失防治效果欠佳等问题，而山丘区架空输电线路工程上述问题因地形地貌等因素制约显得尤为突出。为了有效根治山丘区架空输电线路工程产生的现状水土流失问题，开展山丘区架空输电线路工程水土流失综合治理关键技术研究是十分必要的。

  水土流失综合治理是指按照水土流失规律、经济社会发展和生态安全的需要，在统一规划的基础上，调整土地利用结构，合理配置预防和控制水土流失的工程、植物和耕作措施，形成完整的水土流失防治体系，实现对流域（或区域）水土资源及其他自然资源的保护、改良与合理利用的活动。

  小流域水土流失综合治理开展较早，相对成熟，但山丘区架空输电线路工程同小流域的水土流失存在一定差别，因此小流域水土流失综合治理不能为山丘区架空输电线路工程直接借鉴，山丘区架空输电线路工程需根据工程特点建立一套符合自身的水土流失综合治理技术体系。

  山丘区架空输电线路工程水土流失综合治理，是指按照水土流失规律、生态安全及社会经济发展的需要，以试运行期未能达到水土流失防治目标的扰动地表为中心，针对出现的溜坡溜渣、植被恢复、局部冲沟等问题开展的治理。治理需在统一规划的基础上，合理配置工程、植物等措施，并加强后期管护，做到各措施间相互协调、相互配合，最终形成切实有效的水土流失防治体系，以最大程度地恢复工程施工扰动的原地表，使扰动区域治理后的景观与周边环境协同一致，同时，水土流失面积大幅减少，能够满足工程水土流失防治目标值及水土保持设施自主验收合格条件。

  已建或在建的部分架空输电线路工程水土保持措施实施效果存在各种各样的问题，本书研究聚焦易发生水土流失的山丘区，按照"典型问题及成因分析—行业综合治理技术梳理—线路工程治理技术研究—典型工程治理技术应用"思路，系统阐述了目前山丘区线路工程的水土流失典型问题并分析其成因，梳理了行业内综合治理关键技术，结合线路工程特点明确了适用的治理技术，并选取典型工程进行了成功应用。

  本书由国家电网总部科技部项目"山丘区架空输电线路工程水土保持设计施工关键技术研究"（8100-202056157A-0-0-00）资助，本项目共包含三个课题，本书研究内容是该项目的课题3，即"山丘区架空输电线路工程突出存在的水土流失问题开展的综合治理关键技术研究"，希望本书有关研究成果能为今后架空输电线路工程水土流失综合治理，特别是山丘区这一水土流失治理短板，提供科学依据与技术指导。

本书是在广泛调研及实地踏勘基础上，经作者深入梳理，作为对架空输电线路工程水土流失综合治理技术的总结，故撰写本书，以期与同行和老师们共同学习、交流，本书也得到了国网湖北省电力公司经济技术研究院、国网福建省电力公司经济技术研究院及多位专家的大力支持，在此表示衷心地感谢！

由于撰写的时间仓促，本书中难免出现不当之处和错误，敬请同行专家和广大读者赐教指正。

作　者

2022 年 8 月

目 录

第 1 章

绪　论

1.1 研究背景

水土流失是指在水力、风力、重力及冻融等自然力和人类活动作用下,水土资源和土地生产能力的破坏和损失。水土保持是指对自然因素和人为活动造成水土流失所采取的预防和治理措施。

我国是世界上水土流失最为严重的国家之一,水土流失面广量大。根据全国水土流失动态监测结果,2020 年全国水土流失面积 269.27 万 km²,占全国国土面积的 28.15%,水土流失问题仍然十分突出。2017 年 10 月 8 日,习近平总书记指出:坚持人与自然和谐共生,必须树立和践行绿水青山就是金山银山的理念,坚持节约资源和保护环境的基本国策,"绿水青山就是金山银山"这一科学论断为建设生态文明和美丽中国、实现中华民族永续发展,提供了强大理论支撑和行动指南。

随着生态文明建设和生态环境与水行政主管部门"放管服"改革的深入推进,生态环境保护力度不断加大,对建设项目生态环境保护和水土保持事中事后监管日益严格。国家生态环境和水行政主管部门也已通过遥感解译、无人机航拍、现场核查、移动数据采集等方式,部署"天地一体化"监控体系,对生产建设项目造成的生态破坏、水土流失等实行全面覆盖,技术手段强,核查频次高,惩处力度大。建设单位的主体责任不断增大,生产建设项目水土保持工作面临着前所未有的压力和挑战。

生产建设项目水土流失是我国水土流失的一个重要方面,生产建设项目水土流失指在建设工程或生产过程中引起的水土流失,其水土流失具有潜在性、强度具有跳跃性,水土流失类型呈现多样性,水土流失具有明显的地域扩展性与不完整性,在空间上表现出明显的点、线、面区位特征。而长"线性"生产建设项目水土流失问题尤为突出。

输变电工程是生产建设项目中长"线性"工程的典型代表之一,输变电工程已是水行政主管部门重点监督检查的生产建设项目之一。为了减少输变电工程对原地貌的破坏,建设单位已在水土保持设计、施工、管控方面做出了巨大努力,但针对山丘区架空输电线路工程这一水土保持短板,未能建立一套切实可行的水土流失综合治理技术体系。

本书主要通过对山丘区架空输电线路工程建设过程中存在的水土流失问题进行深入剖析后,针对问题因地制宜地提出适合于山丘区架空输电线路工程的水土流失综合治理体系,更好地指导山丘区输变电工程水土流失治理工作,为创建良好的生态环境,有效地推动区域经济可持续发展打下坚实基础,引领电网绿色建设与生态环境的和谐发展。

1.2 国内外研究概况

1.2.1 国内外小流域水土流失综合治理研究概况

世界上开展小流域治理较早的国家有欧洲的奥地利、法国、意大利、南斯拉夫、瑞士等国及亚洲的日本。国外小流域水土流失治理因地区不同而不同,在美国,由于水土流失坡面较长,则是通过减小坡长、截断径流的方式,来有效控制坡面水土流失。而日本的水土流失综合治理理论与我国黄土高原治理理论和实践结合紧密,其中植物篱、水平阶整地等措施也在生产建设项目迹地恢复中使用。

我国小流域水土流失综合治理研究始于 20 世纪 80 年代初,我国水土流失综合治理的典型代表是黄土高原小流域综合治理,黄土高原的小流域综合治理以坡沟兼治、综合治理为理念,主要开展了沟道建坝淤地、25°以下坡耕地实施"坡改梯"工程,25°以上坡地退耕还林(草),荒山荒坡进行植树造林,宅旁、村旁、路旁、水(沟、渠等)旁实施"四旁"绿化等水土流失综合治理措施。

随着当前社会经济发展的需要,传统的以水土保持为目标的小流域治理难以满足社会现状。同时,由于水环境污染加剧,因此对小流域综合治理提出了新的要求,即在传统小流域治理基础上,增加了水源与水质保护、面源污染控制、人居环境改善等目标。在这样的背景之下,生态清洁小流域的概念孕育而生。2007 年水利部开始在全国 31 个省(区、市)81条小流域开展生态清洁小流域试点工程建设。经过近几年探索实践,生态清洁小流域建设取得了明显成效,建设内容和技术措施日益丰富。2003 年北京市率先提出了构筑"生态修复、生态治理、生态保护"三道防线。

卜振军等根据密云县分布的 6 个典型小流域的不同特点,提出了以下 6 种生态清洁小流域建设模式:

(1)以水土流失综合防治为主,建生态保护型流域;

(2)以污染治理为主,建清洁生产型流域;

(3)依托旅游资源,建人水和谐型流域;

(4)结合新农村建设,建民俗休闲型流域;

(5)依托旅游资源,建观光采摘型流域;

(6)强化基础设施,建绿色产业型流域。

1.2.2　生产建设项目水土流失综合治理研究概况

生产建设项目水土流失综合治理主要是指对施工扰动产生的水土流失问题开展治理。目前,国内生产建设项目水土流失综合治理研究主要集中在水土流失防治措施体系、水土保持管理、施工技术等方面研究。

为使水土保持措施发挥更好的效益,王军提出应结合工程特点对施工扰动区域进行分区,并根据分区针对性地布设水土流失防治措施,可以使水土保持措施体系发挥更大生态效用,从而大大提高恢复效果。高旭彪等将铁路、公路等线性工程水土流失防治分区主要划分为扰动开挖防治区和弃渣防治区两大类,根据不同区域水土流失特点布设相应的水土流失防治措施,使得工程水土保持建设更具有针对性。李树彬等针对辽宁省矿区矿点数量多、分布广,水土流失强度大,恢复治理率低,对生态环境破坏剧烈等特点,提出了"创新机制、加大投入,因矿制宜、科学规划,先易后难、梯次推进,加强科研、提高效率,软硬兼施、综合治理"的生态重建方略。姜德文提出在生产建设项目主体工程选址和布局过程中应实行水土保持有条件准入制度,可以从源头上减轻水土流失和环境影响;同时合理安排施工进度也能减少地表的裸露面积和裸露时间。刘登峰提出将输变电工程划分为站址防治区、塔基防治区、牵张场及施工便道防治区，依据各分区开展水土流失防治措施设计更具有针对性。孙中峰等以山西省 220 kV 及以上输变电工程为研究对象，从基础型式、架线安装、运输方式及防治措施等方面进行分析与评价，得出一整套输变电工程低扰动水土保持技术，结果表明：原状土基础在扰动地表面积和土石方量方面小于大开挖基础，长短腿配高低基础在扰动面积和土石方数量方面是最优组合，不落地放线技术比常规放线技术减少扰动面积 50% ~ 70%，索道运输方式减少占地 73% ~ 92%。贺亮等提出不同建设阶段应有相应的水土流失预防与治理措施。刘皓在分析青海—西藏 ±400 kV 直流联网工程的水土保持生态保护及恢复途径的基础上，提出了构建建设、设计、施工和监理单位"四位一体"的水土保持生态保护及恢复体系。郑树海在分析哈密—河南(郑州) ±800 kV 特高压直流工程水土流失防治模式后，认为从设计、施工、建设管控、水土保持技术服务等各个环节，都要将构建水土流失防治体系、实现水土流失防治目标作为建设管理重点，这也是保证水土保持措施落到实处和取得明显效果的关键。

国家电网有限公司为了提升水土保持后续设计质量和水土保持建设成效，在青海—河南 ±800 kV 特高压直流工程首次开展了施工图阶段的一塔一图设计。虽然，输变电工程水土保持措施后续设计近年来有了较大提升，但是在水土保持综合治理上仍未全面系统地开展研究，因此对于输变电工程，特别是山丘区架空输电线路工程亟待需要开展不同下垫面条件下的水土流失综合治理体系研究，研究成果可为今后输变电工程水土流失综合治理及水土保持方案设计、后续设计提供技术支持。

1.2.3　山丘区架空输电线路工程水土流失综合治理现状

在国家重视生态保护和高质量发展的前提下，各行业都在做好工程建设的同时，也逐渐关注施工建设过程中的水土保持和生态恢复效果。输电线路作为基础设施建设重要内容，发挥着保障电力安全的重要作用，但工程建设的同时，对生态环境也必然产生扰动和破坏，加之输电线路建设跨越范围广、自然条件差异大、水土流失类型多样、水土流失影响因素复杂多样，特别是山丘区架空输电线路工程水土流失问题更加突出，分类梳理输变电工程建设过程中产生的水土流失问题已成为输变电工程建设与环境协同的关键制约因素。

水行政主管部门科技化、全覆盖、全天候的监督管理对工程施工提出了高要求，相应地，建设单位也要对工程建设过程中水土保持工作的自我管理提出更高要求。尽管，生产建设项目水土保持工作已逐步受到参建各方重视，同时，还青山绿水的理念也逐步深入到工程施工全过程中，但是工程施工过程中针对水土流失问题还尚未形成系统的、可操作性强、治理效果显著的水土流失综合治理体系，这对于工程建设和生态保护双赢战略的实施存在一定的制约性。因此，开展输变电工程，尤其是山丘区输电线路工程水土流失特点及水土保持措施体系配置梳理，对输变电工程水土流失综合治理实践非常重要，对于类似线性工程也具有重要的参考意义。

1.2.3.1　不同水土流失类型区水土流失特点

1. 不同水土流失类型区划分

根据《土壤侵蚀分类分级标准》(SL 190—2007)，全国土壤侵蚀类型划分为 3 个一级类型区,即水力、风力及冻融侵蚀类型区;在一级分区的基础上,考虑地质、地貌、土壤等因素,水力侵蚀类型区二级类型区又划分为西北黄土高原区、东北黑土区(低山丘陵和漫岗丘陵区)、北方土石山区、南方红壤丘陵区和西南土石山区;风力侵蚀类型区二级类型区又划分为"三北"戈壁沙漠及沙地风沙区、沿河环湖滨海平原风沙区;冻融侵蚀类型区二级类型区又划分为北方冻融土壤侵蚀区、青藏高原冰川冻土侵蚀区。全国水土保持规划(2015—2030年)不同水土流失类型一级分区划分为8个分区,即东北黑土区、北方风沙区、北方土石山区、西北黄土高原区、南方红壤区、西南紫色土区、西南岩溶区、青藏高原区。

本书采用全国水土保持区划一级分区来开展研究。

2. 不同水土流失类型区山丘区输电线路水土流失特点

山丘区架空输电线路工程由于地势起伏,塔基在基础开挖过程中,地表土壤结构和植被极易被破坏,原坡面坡度也极易被改变,造成水土流失,但不同水土流失类型山丘区架空输电线路工程因土壤、降水、坡度等不同,存在的水土流失特点也略有差异。

东北黑土区,土壤质地黏重,渗透性能差,坡缓坡长,汇水冲刷会导致黑土土壤肥力损失严重,引起土壤板结和盐碱化现象严重,施工扰动会加剧黑土资源流失。

北方风沙区,少雨干旱多风,植被稀疏,以风力侵蚀为主,风力侵蚀与水力侵蚀交错,因施工扰动破坏的荒漠漆皮基本无法恢复,同时由于受自然条件限制,植被恢复难度大且治理效果不明显。

北方土石山区,土层较薄,施工扰动后,遇暴雨,表土易流失,土层流失后,如基岩层裸露,植被恢复困难,难以治理。施工中表土资源保护和利用,直接影响后期植被恢复效果。

西北黄土高原区,原地表生态脆弱,施工扰动后,土壤肥力降低,可选治理植被品种相对单一,造成后期植被恢复困难,成效不明显。施工扰动后的边坡遇暴雨,易出现明显侵蚀沟,易发生塌陷,治理难度大。

南方红壤区,土质黏性比较强,气候湿润,土壤含水量较高,施工扰动过程中,施工扰动区域易受到降雨及径流冲刷,造成侵蚀。

西南紫土区,土少石多,降水量大,施工会加剧降雨和径流对扰动区域的冲刷程度,从而引发溜坡与冲沟。

西南岩溶区,土壤缺乏,降水量大,易发生水土流失和山洪灾害。施工过程中,易出冲沟及溜坡,不易治理。

青藏高原区,土层薄且抗蚀力弱,高寒缺氧,冻融循环破坏土壤结构,施工过程中,植被恢复难度较大。

1.2.3.2 山丘区架空输电线路水土流失特点

山丘区架空输电线路工程距离长、塔基多、施工扰动分散、单个塔基或牵张场、施工跨越场地、施工道路施工扰动范围小,但整个工程总的扰动面积较大,水土流失特点主要表现在以下几个方面:

(1)不同建设阶段水土流失量分布存在较大差异,施工期水土流失量最大,其中塔基基础施工期水土流失量最大,其次为施工道路区。

(2)水土流失强度不均衡,主要体现在不同建设阶段、不同防治分区和不同水土流失类型区下水土流失强度分布存在较大差异,其中,施工期水土流失强度最大;施工区域中,塔基区及施工道路区水土流失强度最大;地貌类型区中,山丘区水土流失强度最大。

（3）线路长度与水土流失总量之间呈现显著的正相关性。线路越长，水土流失总量越大，线路地貌类型中，山丘区占比越大，水土流失总量越大。

（4）不同土壤侵蚀类型区平均土壤侵蚀模数存在差异，施工期平均土壤侵蚀模数较植被恢复期明显增大，同电压等级的输变电工程，在西北黄土高原区、北方风沙区、青藏高原区的工程施工期平均土壤侵蚀模数较其他各水土流失类型区偏大，且上述三区施工期侵蚀强度较为强烈。

（5）同一工程地理跨度大，不同区域地形、土壤及降水等条件差别明显，但现有的水土保持措施设计未充分体现不同水土流失类型区的设计差异。

（6）由于交通不便、监管不到位，加之施工过程中单个施工点工期短，施工过程中水土保持临时措施落实不到位，施工过程中造成的水土流失问题不能得到及时有效的控制。

1.2.3.3　山丘区架空输电线路水土流失类型

水土流失类型，按外营力种类分为水力侵蚀、风力侵蚀、冻融侵蚀、重力侵蚀及混合侵蚀（泥石流）等。山丘区架空输电线路水土流失类型主要为水力侵蚀、风力侵蚀、冻融侵蚀。

1. 水力侵蚀

整个施工过程不同区域均存在不同程度的新增水力侵蚀，因侵蚀程度不同，又可分为溅蚀、面蚀和沟蚀三个阶段。施工活动导致土壤松弛、地表裸露，土壤抗蚀能力急剧下降，施工区域发生水力侵蚀的强度增加，危害程度增加。

2. 风力侵蚀

风力侵蚀指地表松散物质被风吹扬或搬运的过程，以及地表受到风吹起颗粒的磨蚀作用。施工过程中，松散裸露的堆土增加了风蚀物质来源，施工区域发生泥沙颗粒吹扬危害加剧，影响区域生态环境。

3. 冻融侵蚀

冻融侵蚀主要分布于东北、鄂尔多斯高原及青藏高原的冻土地带。昼夜温度变化导致土壤水液相—固相间转化，引起土体体积膨胀和融沉现象，尤其在人工开挖或堆砌边坡等较陡的施工坡面，崩塌和泻溜现象加剧，同时导致边坡稳定性和抗蚀性大为降低，导致重力侵蚀危害增加。

施工过程中，各种形式的侵蚀类型交替出现，危害大。因此，在施工过程中，需根据不同类型区土壤侵蚀和地形等特点，预见水土流失形式、特点和危害，因害设防，及时采取预防和保护措施非常必要。

1.3　研究内容

1.3.1　研究山丘区架空输电线路已产生的水土流失问题类型、成因及主控因素

选取不同类型区已建输电线路进行内业和外业调查分析，分侵蚀类型区统计不同工程各防治区的扰动面积、扰动类型、建设时长、土石方开挖回填量等参数，结合各类型区降水因子、植被因子、土壤因子调查，结合建设项目督察管理、水土保持设施验收过程发现的问题，

分类梳理各类型区山丘区架空输电线路水土流失问题,并结合土壤侵蚀环境因子和扰动特点、建设管理现状等综合分析水土流失问题的成因及主控因素,以备因害设防、精准施策、切实落实水土流失综合防治措施。

1.3.2 总结相关行业对类似水土流失问题的综合治理技术类型、特点及效用

筛选各类型区内已建铁路、公路及管道工程,基于内业资料和外业调查,分析各水土流失防治措施类型、措施配置形式、措施规格和措施效果,归纳各类型坡面适宜的综合治理技术类型、防护特点和防护效用。

1.3.3 提出适用于山丘区架空输电线路工程的水土流失综合治理技术

分析各类措施适宜条件、防护措施特点及防护效果,比选提出山丘区架空输电线路工程各区水土流失综合治理措施模式,提出工程措施、植物措施和临时措施的措施形式、配置模式和布设要求等。

1.3.4 选取已产生典型水土流失问题的架空输电线路工程,开展水土流失综合治理技术应用研究

选取已建架空输电线路工程,分析水土保持措施设计、施工、管理等存在的问题,提出改进措施和改进方案。选择典型区域进行水土流失综合治理技术示范和推广,评价监测水土保持措施实施效果。

1.4 研究技术路线

通过分析典型山丘区架空输电线路工程已产生的水土流失问题类型、成因及主控因素;收集并整理铁路、公路、管道工程等线性工程对于类似水土流失问题的综合治理技术、特点及效用;根据山丘区架空输电线路工程特点,提出适用于山丘区架空输电线路工程的水土流失综合治理技术,并选取已产生典型水土流失问题的架空输电线路工程作为示范,开展水土流失综合治理技术效果验证。

研究方法有以下几种。

1.4.1 研究山丘区架空输电线路已产生的水土流失问题类型、成因及主控因素

(1)选取典型山丘区架空输电线路,对不同施工工艺及不同类型塔基开展实地调查,并收集调查塔基周边的原始地形地貌、坡度、植被类型、土壤、降雨等信息,采集塔基施工区域

的植被覆盖度、土壤、坡度等信息。

（2）根据所收集资料，分析并总结典型山丘区架空输电线路塔基水土流失问题类型、成因及主控因素。

1.4.2 研究相关行业对类似水土流失问题的综合治理技术类型、特点及效用

（1）系统调研如铁路、公路及管道工程等线性工程类似水土流失问题的综合治理技术。

（2）归纳总结相关行业对类似水土流失问题的综合治理技术，并分析相关行业对类似水土流失问题的综合治理技术类型、特点及效用。

1.4.3 研究适用于山丘区架空输电线路工程的水土流失综合治理技术

（1）收集山丘区输电线路工程的水土保持工程、植物及临时措施等。

（2）在分析总结线型工程对山丘区架空输电线路工程类似水土流失问题的综合治理技术的基础上，根据山丘区架空输电线路已产生的水土流失问题类型及成因，提出适用于山丘区架空输电线路工程的水土流失综合治理技术。

1.4.4 选取已产生典型水土流失问题的架空输电线路工程，开展水土流失综合治理技术应用研究

（1）选取已产生典型水土流失问题的架空输电线路工程，分析水土保持方案编制、设计、施工等存在的问题，明确发生水土流失的原因。

（2）针对具体塔基，应用上述研究成果，开展水土流失治理措施设计并实施，有效减少水土流失。

研究技术路线见图 1-1。

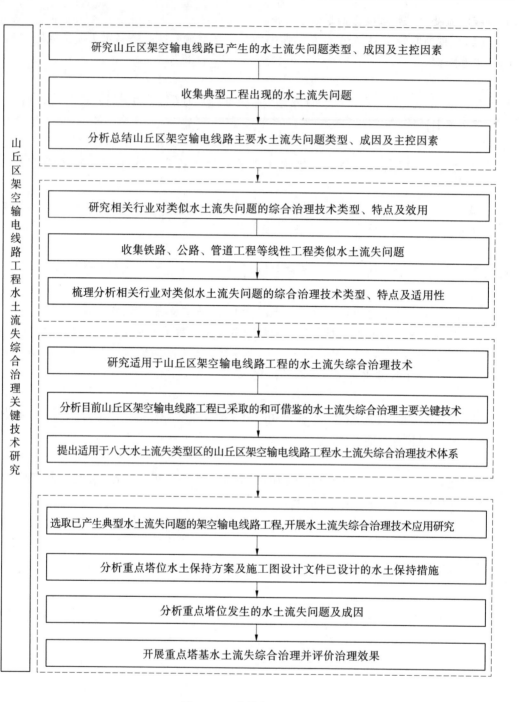

图 1-1 研究技术路线图

第 2 章

山丘区架空输电线路工程水土流失典型问题研究

2.1　水土流失典型问题分析

根据架空输电线路工程特点,架空输电线路工程防治分区一般划分为塔基区、牵张场区、跨越施工场地区、施工道路区 4 个防治分区。

架空输电线路工程对原地表扰动主要发生在塔基基础施工阶段,水土流失问题也主要发生在该阶段,施工期的塔基区及施工道路区是水土流失问题主要发生的区域,而山丘区的塔基区及施工道路区是水土流失问题重点区域。

本书以七条输变电工程为例分析山丘区架空输电线路工程水土流失存在问题,所选取的输变电工程线路长、扰动面积大、地理跨度大,涵盖了多种水土流失类型区,地貌类型、沿线降水及土壤、植被等自然条件差别明显,在架空输电线路工程中具有代表性,七个输变电工程主要自然概况见表 2-1。上述七个输电电工程涉及东北黑土区、北方风沙区、北方土石山区、西北黄土高原区、南方红壤区、西南紫色土区、西南岩溶区、青藏高原区等八类水土流失类型区,同时,均经过山丘区,因此对于上述七个输变电工程水土流失问题进行分析,基本可以代表山丘区架空输电线路工程水土流失问题。

通过对上述典型输变电工程开展分析,山丘区架空输电线路工程水土流失问题主要包含以下五类:

第一,塔基区及施工道路区坡面存在溜坡溜渣;

第二,施工扰动区域植被覆盖度低;

第三,塔基区及施工道路区坡面等局部存在冲沟;

第四,施工扰动区域临时苫盖不到位;

第五,塔基区及施工道路区截排水沟设施不完善。

对应于八大水土流失类型区的山丘区架空输电线路工程水土流失问题分析见表 2-2。从表 2-2 可以看出,山丘区架空输电线路工程水土流失问题在八大水土流失类型区中都有发生,各水土流失类型区没有显著性差异。

2.1.1　溜坡溜渣

结合七个输变电工程,从表 2-1 及表 2-2 分析得出,溜坡溜渣问题存在于各个水土流失类型区,溜坡溜渣程度与原坡面坡度、开挖过程中产生的土方量之间呈现一定正相关性。溜坡溜渣主要发生在塔基区及施工道路区坡面,溜坡溜渣问题也即边坡问题,溜坡溜渣典型实例见表 2-3。

表 2-1　七个输变电工程

项目名称	所经土壤侵蚀类型区划	重点土壤侵蚀类型区划	侵蚀模数背景值/ $[t/(km^2 \cdot a)]$	多年平均降水量/mm	项目区林草覆盖率
某输变电工程1	北方风沙区、北方土石山区、西南土石山区、西北黄土高原区和南方红壤区	西北黄土高原区、北方土石山区	430~3 500	39~1 373	2%~55%
某输变电工程2	青藏高原区、西南紫色土区、南方红壤区和北方土石山区	青藏高原区、西南紫色土区	230~3 000	314~1 000	23%~69%
某输变电工程3	西北黄土高原区、北方土石山区和南方红壤区	西北黄土高原区、北方土石山区	200~3 000	414~1 252	22%~62%
某输变电工程4	北方风沙区、北方土石山区	北方土石山区	800~1 300	650~488	30%~80%
某输变电工程5	西南岩溶区、南方红壤区	西南岩溶区	430~920	921~1 751	46%~59%
某输变电工程6	西南溶岩区、西南紫色土区和南方红壤区	西南紫色土区	500~1 350	974~1 554	25%~68%
某输变电工程7	东北黑土区	东北黑土区	200~1 250	385~408	12%~24%

主要自然概况

主要土壤类型	主要侵蚀类型	项目区侵蚀强度	山丘区塔基基础型式	发生溜坡溜渣重点防治分区
风沙土、棕漠土、棕钙土、灰钙土、绵土、棕壤、褐土、黄褐土、垆土、黄棕壤、红壤、水稻土	水蚀、风蚀	中度、轻度	人工挖孔桩基础或全掏挖基础为主	塔基区、施工道路区下边坡
栗钙土、灰钙土、风沙土、高山草甸土、黑土、紫色土、棕壤、黄棕壤、褐土、潮土	水蚀、冻融	中度、轻度	人工挖孔桩基础或全掏挖基础为主	塔基区、施工道路区下边坡
黄绵土、褐土、棕壤、黄棕壤、潮土、水稻土	水蚀	中度、轻度	人工挖孔桩基础或全掏挖基础为主	塔基区、施工道路区下边坡
栗钙土、褐土、栗钙土、棕壤及草甸土	水蚀、风蚀	轻度	人工挖孔桩基础或全掏挖基础为主	塔基区、施工道路区下边坡
红壤、棕壤、紫色土、黄壤、石灰土、水稻土	水蚀	轻度	人工挖孔桩基础或全掏挖基础为主	塔基区、施工道路区下边坡
红壤、黄壤、棕壤、黄棕壤、潮土、水稻土	水蚀	轻度	人工挖孔桩基础或全掏挖基础为主	塔基区、施工道路区下边坡
淡黑钙土、草甸土、风沙土、盐土和碱土	水蚀、冻融	轻度	人工挖孔桩基础或全掏挖基础为主	塔基区、施工道路区下边坡

表 2-2 八大水土流失类型区山丘区架空输电线路工程水土流失问题分析

水土流失类型区	水土流失防治分区	问题类型	治理难度
东北黑土区	塔基区	①植被覆盖度低	易
		②临时苫盖不足	易
		③溜坡溜渣	较易
	施工道路区	①植被覆盖度低	易
		②临时苫盖不足	易
		③溜坡溜渣	较易
	牵张场地区	①临时苫盖不足	易
	施工跨越场地	①临时苫盖不足	易
北方风沙区	塔基区	①溜坡溜渣	难
		②植被覆盖度低	难
		③局部存在冲沟	较易
		④截排水沟顺接不到位	易
		⑤临时苫盖不足	易
	施工道路区	①溜坡溜渣	难
		②植被覆盖度低	难
		③局部存在冲沟	易
		④截排水沟顺接不到位	易
		⑤临时苫盖不足	易
	牵张场地区	①植被覆盖度低	难
		②局部存在冲沟	易
		③临时苫盖不足	易
	施工跨越场地	①植被覆盖度低	难
		②局部存在冲沟	易
		③临时苫盖不足	易
北方土石山区	塔基区	①溜坡溜渣	难
		②植被覆盖度低	较难
		③局部存在冲沟	较易
		④截排水沟顺接不到位	易
		⑤临时苫盖不足	易

续表 2-2

水土流失类型区	水土流失防治分区	问题类型	治理难度
北方土石山区	施工道路区	①溜坡溜渣	难
		②植被覆盖度低	难
		③局部存在冲沟	较易
		④截排水沟顺接不到位	易
		⑤临时苦盖不足	易
	牵张场地区	①植被覆盖度低	易
		②局部存在冲沟	易
		③临时苦盖不足	易
	施工跨越场地	①植被覆盖度低	易
		②局部存在冲沟	易
		③临时苦盖不足	易
西北黄土高原区	塔基区	①溜坡溜渣	难
		②植被覆盖度低	难
		③局部存在冲沟	较难
		④截排水沟顺接不到位	易
		⑤临时苦盖不足	易
	施工道路区	①溜坡溜渣	难
		②植被覆盖度低	难
		③局部存在冲沟	较难
		④截排水沟顺接不到位	易
		⑤临时苦盖不足	易
	牵张场地区	①植被覆盖度低	较易
		②局部存在冲沟	较易
		③临时苦盖不足	易
	施工跨越场地	①植被覆盖度低	较易
		②局部存在冲沟	较易
		③临时苦盖不足	易

续表 2-2

水土流失类型区	水土流失防治分区	问题类型	治理难度
南方红壤区	塔基区	①溜坡溜渣	难
		②植被覆盖度低	较难
		③局部存在冲沟	较易
		④截排水沟顺接不到位	易
		⑤临时苫盖不足	易
	施工道路区	①溜坡溜渣	难
		②植被覆盖度低	难
		③局部存在冲沟	较易
		④截排水沟顺接不到位	易
		⑤临时苫盖不足	易
	牵张场地区	①植被覆盖度低	易
		②局部存在冲沟	易
		③临时苫盖不足	易
	施工跨越场地	①植被覆盖度低	易
		②局部存在冲沟	易
		③临时苫盖不足	易
西南紫色土区	塔基区	①溜坡溜渣	难
		②植被覆盖度低	较难
		③局部存在冲沟	较易
		④截排水沟顺接不到位	易
		⑤临时苫盖不足	易
	施工道路区	①溜坡溜渣	难
		②植被覆盖度低	难
		③局部存在冲沟	较易
		④截排水沟顺接不到位	易
		⑤临时苫盖不足	易
	牵张场地区	①植被覆盖度低	易
		②局部存在冲沟	易
		③临时苫盖不足	易
	施工跨越场地	①植被覆盖度低	易
		②局部存在冲沟	易
		③临时苫盖不足	易

续表 2-2

水土流失类型区	水土流失防治分区	问题类型	治理难度
西南岩溶区	塔基区	①溜坡溜渣	难
		②植被覆盖度低	较难
		③局部存在冲沟	较易
		④截排水沟顺接不到位	易
		⑤临时苫盖不足	易
	施工道路区	①溜坡溜渣	难
		②植被覆盖度低	难
		③局部存在冲沟	较易
		④截排水沟顺接不到位	易
		⑤临时苫盖不足	易
	牵张场地区	①植被覆盖度低	易
		②局部存在冲沟	易
		③临时苫盖不足	易
	施工跨越场地	①植被覆盖度低	易
		②局部存在冲沟	易
		③临时苫盖不足	易
青藏高原区	塔基区	①溜坡溜渣	难
		②植被覆盖度低	难
		③局部存在冲沟	较易
		④截排水沟顺接不到位	易
		⑤临时苫盖不足	易
	施工道路区	①溜坡溜渣	难
		②植被覆盖度低	难
		③局部存在冲沟	较易
		④截排水沟顺接不到位	易
		⑤临时苫盖不足	易
	牵张场地区	①植被覆盖度低	较难
		②局部存在冲沟	易
		③临时苫盖不足	易
	施工跨越场地	①植被覆盖度低	较难
		②局部存在冲沟	易
		③临时苫盖不足	易

表 2-3 溜坡溜渣典型实例

西北黄土高原区塔基区溜坡溜渣	西北黄土高原区塔基区溜坡溜渣

青藏高原区塔基区溜坡溜渣	青藏高原区塔基区溜坡溜渣

南方红壤区塔基区溜坡溜渣	南方红壤区塔基区溜坡溜渣

续表 2-3

北方风沙区塔基区溜坡溜渣	北方风沙区塔基区溜坡溜渣
北方土石山区塔基区溜坡溜渣	北方土石山区塔基区溜坡溜渣
北方土石山区塔基区溜坡溜渣	青藏高原区塔基区溜坡溜渣

续表 2-3

北方风沙区施工道路下边坡溜坡溜渣

北方风沙区施工道路下边坡溜坡溜渣

北方风沙区施工道路下边坡溜坡溜渣

西北黄土高原区施工道路下边坡溜坡溜渣

西北黄土高原区施工道路下边坡溜坡溜渣

西北黄土高原区施工道路下边坡溜坡溜渣

2.1.2　植被恢复

结合七个输变电工程,从表 2-1 及表 2-2 分析得出,植被恢复问题存在于各个水土流失类型区,主要发生在塔基区及施工道路区,表现为被扰动区域植被覆盖度低或局部裸露,而植被恢复的程度与扰动区域的降水、原地表植被覆盖度、扰动后土地整治程度呈现一定正相关性。在北方风沙区、青藏高原区、西北黄土高原区等降水量相对较小的区域植被恢复问题显得较为突出。

植被恢复问题典型实例见表 2-4。

表 2-4　植被恢复问题典型实例

西北黄土高原区塔基区植被恢复问题	西北黄土高原区塔基区植被恢复问题

南方红壤区塔基区植被恢复问题	南方红壤区塔基区植被恢复问题

续表 2-4

| 南方红壤区塔基区植被恢复问题 | 南方红壤区塔基区植被恢复问题 |

| 南方红壤区塔基区植被恢复问题 | 南方红壤区塔基区植被恢复问题 |

| 西北黄土高原区施工道路植被未恢复 | 西北黄土高原区施工道路植被未恢复 |

续表 2-4

西北黄土高原区施工道路植被未恢复

西北黄土高原区施工道路植被未恢复

南方红壤区施工道路植被未恢复

南方红壤区施工道路植被未恢复

南方红壤区施工道路植被未恢复

南方红壤区施工道路植被未恢复

2.1.3　局部冲沟

结合七个输变电工程,从表2-1及表2-2分析得出,局部冲沟问题存在于各个水土流失类型区,主要发生在对原地表扰动较为强烈的塔基区及施工道路区,表现为被扰动区域受降雨冲刷,局部形成深度、长度及密度不一的冲沟,冲沟深度、长度及密度与原坡面坡度、降雨量之间呈现一定的正相关性,与原坡面土壤结构存在相关性。在北方风沙区、西北黄土高原区、南方红壤区、西南紫色土区等区域显得尤为突出。

局部冲沟问题典型实例见表2-5。

表2-5　局部冲沟问题典型实例

| 北方风沙区塔基区局部冲沟问题 | 北方风沙区塔基区局部冲沟问题 |
| 西北黄土高原区塔基区局部冲沟问题 | 西北黄土高原区塔基区局部冲沟问题 |

续表 2-5

西北黄土高原区施工道路局部冲沟问题	西北黄土高原区施工道路局部冲沟问题

西北黄土高原区施工道路局部冲沟问题	西北黄土高原区施工道路局部冲沟问题

西北黄土高原区施工道路局部冲沟问题	西北黄土高原区施工道路局部冲沟问题

2.1.4 截排水沟

结合七个输变电工程及以往输变电工程分析得出,截排水沟存在于各个水土流失类型区,由于地势起伏,塔基区或施工道路区部分截排水沟未修建消能顺接设施或截排水沟末端位置选择不当,导致截排水沟末端冲刷,如遇强降水存在产生滑坡等严重水土流失危害隐患。

截排水沟问题典型实例见表2-6。在西北黄土高原区、西南紫色土区、南方红壤区等区域显得尤为突出。

表2-6 截排水沟问题典型实例

西北黄土高原区塔基区截排水沟问题	西北黄土高原区塔基区截排水沟问题

2.1.5 临时苫盖

结合七个输变电工程,从表2-1及表2-2分析得出,临时苫盖问题存在于各个水土流失类型区,主要发生在施工期的塔基区及施工道路区,与施工管理、设计情况有一定的相关性。

临时苫盖问题典型实例见表2-7。

表2-7 临时苫盖问题典型实例

 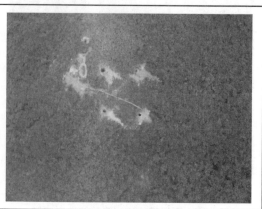

北方土石山区塔基区临时苫盖问题	北方土石山区塔基区临时苫盖问题

续表 2-7

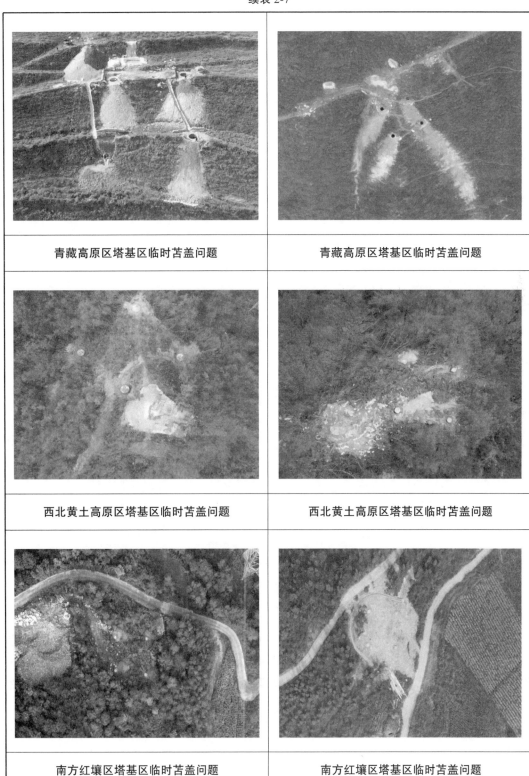

青藏高原区塔基区临时苫盖问题	青藏高原区塔基区临时苫盖问题
西北黄土高原区塔基区临时苫盖问题	西北黄土高原区塔基区临时苫盖问题
南方红壤区塔基区临时苫盖问题	南方红壤区塔基区临时苫盖问题

续表 2-7

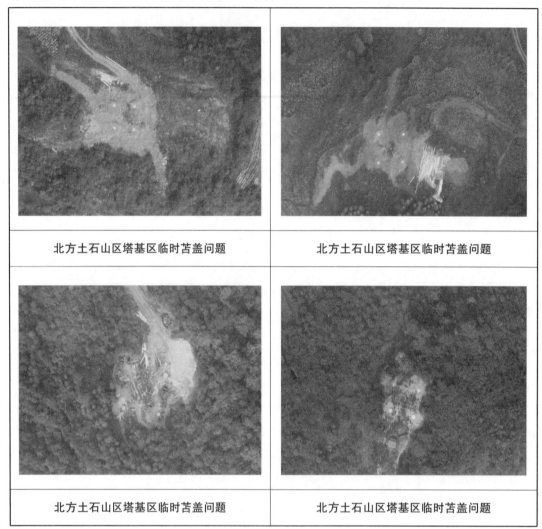

| 北方土石山区塔基区临时苫盖问题 | 北方土石山区塔基区临时苫盖问题 |
| 北方土石山区塔基区临时苫盖问题 | 北方土石山区塔基区临时苫盖问题 |

2.2　水土流失典型问题成因分析

　　山丘区架空输电线路工程水土流失问题成因主要是人为施工扰动引起的,人为因素是直接诱因,自然条件则是加剧水土流失问题的催化剂。水土流失问题人为因素主要体现在设计、施工及过程管理三方面,自然因素可以借鉴通用土壤流失方程(USLE 模型)的自然因子。

　　通用土壤流失方程(USLE 模型)是目前世界上应用最为广泛的土壤侵蚀预报模型,公式为:

$$A = R \cdot K \cdot L \cdot S \cdot C \cdot P$$

式中　A——平均土壤侵蚀模数,$t/(hm^2 \cdot a)$;

R——降雨侵蚀力因子,MJ·mm/(hm² · h · a);

K——土壤可蚀性因子,t·(hm² · h)/(hm² · MJ · mm);

L——坡长;

S——坡度因子,无量纲;

C——植被覆盖与管理因子,无量纲;

P——水土保持措施因子,无量纲。

从通用土壤流失方程(USLE 模型)可知,影响土壤流失量的自然因子为 R、K、L、S、C,人为因子为 P。因此,山丘区架空输电线路工程水土流失问题主要自然因素可以借鉴通用土壤流失方程中的自然因子,即为降雨、土壤、坡长与坡度、植被覆盖度等。以下就五大类水土流失主要问题分别进行人为及自然因素分析。

2.2.1　溜坡溜渣问题分析

溜坡溜渣问题主要是施工过程中塔基基础开挖阶段产生的土方及表土剥离的土方,施工道路挖方段产生的土方处置不当造成的,溜坡溜渣是山丘区架空输电线路工程塔基区普遍存在的问题,且治理难度大。主要发生在塔基区及施工道路区,问题成因从人为因素和自然因素两个方面展开分析。

2.2.1.1　人为因素分析

1. 塔基区

塔基区溜坡溜渣问题主要是施工过程中塔基基础开挖阶段产生的土方及表土剥离时的土方,不能得到妥善处置而引起的,主要发生在塔基坡面,尤其是陡坡。

人为因素主要体现在施工方面,着重从施工组织方案及现场施工两方面来分析。现有的施工组织方案基本为原则性条款,没有结合水土保持方案及施工图设计给出塔基区细化的土石方工程施工组织方案,现有的环水保施工组织方案可操作性较弱,不能较好地指导塔基区土石方工程现场施工。首先,实际施工中,施工单位未能严格按照施工图施工,导致部分水土保持措施实施不到位。其次,施工产生的土方处置不规范,进而引起塔基区溜坡溜渣现象发生。此外,塔基区基础开挖时产生的弃土(石、渣)装编织袋后会堆放至塔腿附近,后清运或综合利用,如弃土(石、渣)暂时堆存时,编织袋在自然状态下风化,造成编织袋内土方外溢,导致二次溜坡溜渣现象发生。

2. 施工道路区

施工道路区溜坡溜渣主要是施工道路挖方段产生的余土不能得到妥善处置,倾倒在道路下边坡坡面,引起溜坡溜渣。主要发生在挖方段施工道路下边坡。

人为因素主要体现在施工方面,着重从施工组织方案及现场施工两方面来分析。现有的环水保施工组织方案基本为原则性条款,没有结合水土保持方案及施工图设计给出施工道路区细化的土石方工程施工组织方案;同时,施工道路区施工图也未充分考虑挖方段余土及边坡设计,实际施工过程中,挖方段施工道路余土基本都堆弃在道路下边坡坡面,导致挖方段施工道路下边坡出现溜坡溜渣。

2.2.1.2　自然因素分析

通过对选取的典型输变电工程土壤侵蚀类型区、地貌类型,沿线降水及土壤、植被等自然条件分析,并结合通用土壤流失方程(USLE 模型),不论是塔基区还是施工道路区,影响溜坡溜渣的自然因素为降雨、土壤可蚀性、坡长与坡度、植被覆盖度等。

2.2.2 植被恢复问题成因分析

植被恢复问题主要是塔基区及施工道路区施工前未按照设计要求剥离表土,保护表土;施工结束后未采取必要的场地平整、松土及回覆表土、施肥等;后期管护不到位引起的植被恢复问题也是山丘区架空输电线路工程塔基区及施工道路区普遍存在的问题,短期恢复成效不明显。问题成因从人为因素和自然因素两个方面展开分析。

2.2.2.1 人为因素分析

1. 塔基区

塔基区植被恢复问题主要是塔基区施工结束后未采取必要的场地平整、松土及覆表土、施肥等,后期管护不到位引起的,主要发生在塔基施工扰动区域。

人为因素主要体现在施工方面,着重从施工组织方案及现场施工两方面来分析。现有的环水保施工组织方案基本为原则性条款,没有结合水土保持方案及施工图设计给出塔基区细化的植物措施施工组织方案。

目前,实际施工中,植被恢复通常做法是:施工前,未充分剥离表土,施工结束后,无可回覆利用的表土,仅是对施工扰动区域开展场地平整后,撒播草籽或栽植灌木,后期管护也未按照施工图设计或相关规程等要求开展。

2. 施工道路区

施工道路区植被恢复问题主要是施工道路开挖过程产生的余土倾倒至道路一侧下边坡,余土顺坡而下占压原生植被,造成原生植被被破坏,同时,边坡上弃土松散,且坡面遇汇水极易形成冲沟,不具备良好的栽植植被的条件。部分施工道路后期要留作检修路使用,也导致部分施工道路无法恢复植被。主要发生在挖方段道路边坡。

人为因素主要体现在施工方面,着重从施工组织方案及现场施工两方面来分析。现有的环水保施工组织方案基本为原则性条款,没有结合水土保持方案及施工图设计给出施工道路区细化的植物措施施工组织方案,尤其是挖填段边坡。

目前,实施施工中,植被恢复通常做法是:施工前,未充分剥离表土,施工结束后,无可回覆利用的表土,仅是对施工道路路面开展地场地平整后,撒播草籽或栽植灌木,后期管护也未按照施工图设计要求开展,对于施工道路边坡多数是撒播草籽或直接裸露不做任何恢复处理,同时,施工道路边坡土质松软,有一定坡度,遇汇水,易产生冲沟,不利于植被生长,导致施工道路边坡植被恢复难度极大。

2.2.2.2 自然因素分析

通过对选取的典型输变电工程土壤侵蚀类型区、地貌类型、沿线降水及土壤、植被等自然条件分析,并结合通用土壤流失方程(USLE 模型),不论是塔基区还是施工道路区,影响植被恢复的自然因素为降雨、土壤肥力与水分条件、坡度等。

2.2.3　局部冲沟问题成因分析

局部冲沟问题主要发生是塔基区及施工道路区,问题成因从人为因素和自然因素两个方面展开分析。

2.2.3.1　人为因素分析

1. 塔基区

塔基区局部产生冲沟的人为因素主要体现在施工方面。

实际施工中,冲沟主要发生在塔基区临时堆土坡面或塔基区局部坡面。

(1)塔基区施工过程中产生临时堆土土质松软,施工单位没有按照设计要求对临时堆土实施有效防护措施,导致降雨产生的汇流对堆土坡面造成水蚀,形成冲沟。

(2)由于塔基在施工过程中,地表土壤结构被破坏,土质松软,原生植被被破坏,同时,施工结束后,对于施工扰动区域土地整治也未能严格按照设计要求施工,导致降雨产生的汇流会对塔基区具有一定坡度的施工作业面造成水蚀,形成冲沟。

(3)由于土地整治不到位,导致边坡过陡、土质松软,影响植被恢复的立地条件,导致坡面裸露,遇汇水造成水蚀,形成冲沟。

2. 施工道路区

施工道路区局部产生冲沟的人为因素主要体现在施工方面。

实际施工中,施工道路路面由于多数是素土路面,山丘区道路路面也存在一定坡度,降雨产生的汇流对道路路面造成冲刷,形成冲沟;施工道路下边坡形成溜渣体后,坡面渣土松软,遇降雨极易受到冲刷,形成冲沟。

2.2.3.2　自然因素分析

通过对选取的典型输变电工程土壤侵蚀类型区、地貌类型、沿线降水及土壤、植被等自然条件分析,并结合通用土壤流失方程(USLE 模型),不论是塔基区还是施工道路区,影响局部冲沟的自然因素为降雨、坡度、植被覆盖度等。

2.2.4　截排水沟问题成因分析

截排水沟问题主要发生在塔基区及施工道路区,主要是由于人为因素导致,以下就人为因素展开分析。

1. 塔基区

塔基区截排水沟问题人为因素主要是设计方面。

受设计深度影响,截排水沟水土保持方案为典型设计,截排水沟施工图设计为点对点设计,但是部分塔基截排水沟施工图设计未能和现场地形地貌充分结合,一是部分有汇水面的塔基区未设计截排水沟;二是部分塔基区截排水沟未能充分结合地形设置消能顺接设施;三是部分截排水沟出口位置选择不当,导致截排水沟末端被冲刷,如遇强降水可能会产生滑坡等严重水土流失危害。

2. 施工道路区

施工道路区截排水沟问题人为因素主要是设计方面。

受设计深度影响,施工道路区截排水沟水土保持方案设计一般即为施工道路一侧或两侧布设临时排水沟,施工道路施工图排水沟设计虽然为点对点设计,但是施工道路排水沟设计与地形地貌结合不充分,一是部分有汇水面的施工道路区未设计排水沟;二是挖填方段施工道路边坡排水未考虑。

2.2.5 临时苫盖问题成因分析

临时苫盖问题发生在各水土流失防治分区,主要是由于人为因素导致,以下就人为因素展开分析。

人为因素主要体现在施工方面,实施施工中,一是塔基或施工道路区等在开挖过程中产生的余方,施工单位施工不能严格按照设计要求对临时堆土进行苫盖;二是其他施工扰动的裸露区域,施工单位未采取有效的临时苫盖措施。

2.3 水土流失典型问题主控因素分析

山丘区架空输电线路工程水土流失典型问题因素主要是人为因素及自然因素两大类,以下针对两大类因素的主控因素展开讨论。

2.3.1 人为主控因素分析

山丘区架空输电线路工程水土流失典型五类问题中人为主控因素是施工因素,即施工单位不能严格按照水土保持方案及施工图设计施工,且文明施工意识不强。

2.3.2 自然主控因素分析

山丘区架空输电线路工程水土流失典型五类问题中溜坡溜渣、植被恢复、局部冲沟问题涉及自然因素,自然因素为降雨、土壤可蚀性与肥力、坡长与坡度、植被覆盖度等。其中,影响溜坡溜渣问题的自然主控因素为降雨、土壤可蚀性、坡长与坡度、植被覆盖度;植被恢复问题的自然主控因素为降雨、土壤肥力、坡度;局部冲沟问题的自然主控因素为降雨、土壤可蚀性、坡度、植被覆盖度。

山丘区架空输电线路工程水土流失问题主控因素分析见表2-8。

表 2-8 山丘区架空输电线路工程水土流失问题主控因素分析

序号	水土流失主要问题	成因	
		人为主控因素	自然主控因素
1	溜坡溜渣	未严格按照设计施工	降雨 土壤可蚀性 坡长及坡度 植被覆盖度
2	植被恢复	未严格按照设计施工	降雨 土壤肥力及水分 坡度
3	局部冲沟	未严格按照设计施工	降雨 土壤可蚀性 坡度 植被覆盖度
4	临时苫盖	未严格按照设计施工	—
5	截排水沟	设计考虑不全面	—

2.4 本章小结

本章通过对架空输电线路水土保持典型问题进行分析得出如下初步结论:

(1)山丘区架空输电线路工程水土流失典型问题主要有以下五种类型:

第一,溜坡溜渣;

第二,植被覆盖度不够或存活率低;

第三,临时苫盖不到位;

第四,塔基区及施工道路边坡局部坡面存在冲沟;

第五,截排水不到位。

(2)水土流失典型问题主要发生在塔基区及施工道路区,西北黄土高原区、青藏高原区等生态脆弱地区是水土流失典型问题高发区域,同时也是综合治理的难点区域。

(3)水土流失问题成因主要是人为施工扰动引起的,人为因素是直接诱因,自然因素是加剧水土流失问题的催化剂。人为因素中施工单位未严格按照设计要求施工是主控因素;降雨、土壤可蚀性及肥力、坡长及坡度、植被覆盖度等是自然因素中的主控因素。

(4)山丘区架空输电线路工程水土流失问题不是单一存在,通常是多种问题交织,后期治理难度较大。

第 3 章

相关行业水土流失综合治理
关键技术研究

常见的线性工程主要有铁路、公路和管道工程等,上述线性工程与架空输变电工程的共同特点是水土流失呈分散点状分布与线状分布交错,类型多样,水土流失强度时空分布差异大,后期水土流失防治难度大,投入高。

3.1　相关行业水土流失问题类型

　　铁路、公路和管道工程等线性工程施工造成的水土流失问题主要重点集中在山丘区,线性工程线路长,所涉及地形地貌复杂,尤其是山丘区在工程施工过程中,施工扰动极易破坏地表原始土壤结构和植被,原坡面坡度也极易被改变,这些都势必会造成严重的水土流失。

　　相关行业表现出的各类水土流失问题不是孤立存在的,一般是多种现象并存,水土保持后期治理难度大,容易顾此失彼,考虑不全面,治理效果欠佳。

3.1.1　边坡裸露

　　线性工程边坡问题按照工程特点,主要分为弃土(渣)边坡问题、取土场开挖边坡问题、施工道路边坡问题、主体工程边坡问题四大类。

　　弃土(渣)边坡问题主要集中在铁路、公路工程,主要是由于施工前未采取先拦后弃,随意倾倒渣土,缺乏施工组织管理,渣土也未压实,未分级削坡,造成弃渣边坡高陡,且后期治理难度较大。

　　取土场开挖边坡问题主要集中在铁路、公路工程,主要是由于施工前未采取必要的拦挡措施,造成不稳定边坡和边界零乱不规则,取土时,随意开挖,未采用分级削坡的方式开挖土方,从而导致边坡过陡且不规则。

　　铁路、公路和管线工程施工道路多数采用机械修建,尤其是在山丘区,施工道路下边坡溜渣现象较为突出,上边坡则陡且不规则、裸露。

　　线性工程的主体工程中涉及边坡问题的多为铁路、公路工程填方路基边坡,路堑边坡,桥涵椎体边坡,管线工程穿越段、爬坡段边坡,主要是由于施工前未采取必要的拦挡措施。

　　线性工程弃土(渣)场问题情况见表 3-1。

表 3-1　线性工程弃土(渣)场问题情况

工程类型	典型问题	发生时段	发生部位	主要原因	影响
铁路工程	弃渣边坡高陡;取土场边坡过陡且不规则;施工道路下边坡溜渣	施工期	弃土(渣)场边坡、取土场边坡、施工道路边坡	弃渣场未先拦后弃、未分级削坡、未压实;取土场边坡未分级开挖;施工道路未采取有效拦挡措施	治理难度大、影响沿线生态环境、制约水土保持设施竣工验收

续表 3-1

工程类型	典型问题	发生时段	发生部位	主要原因	影响
公路工程	弃渣边坡高陡;取土场边坡过陡且不规则;施工道路下边坡溜渣	施工期	弃土(渣)场边坡、取土场边坡、施工道路边坡	弃渣场未先拦后弃、未分级削坡、未压实;取土场边坡未分级开挖;施工道路未采取有效拦挡措施	治理难度大、影响沿线生态环境、制约水土保持设施竣工验收
管线工程	施工道路下边坡溜渣或大型开挖区域边坡溜渣	施工期	施工道路边坡;管线穿越段、爬坡段边坡	未采取有效拦挡措施	影响沿线生态环境、制约水土保持设施竣工验收

线性工程弃土(渣)场典型问题实例见表 3-2。

表 3-2　线性工程弃土(渣)场典型问题实例

弃渣场高陡边坡溜渣	弃渣场高陡边坡溜渣

续表 3-2

弃渣场高陡边坡溜渣	弃渣场高陡边坡溜渣
弃渣场高陡边坡溜渣	弃渣场高陡边坡溜渣
弃渣场高陡边坡溜渣	弃渣场高陡边坡溜渣

续表 3-2

弃渣场高陡边坡溜渣	弃渣场高陡边坡溜渣

弃渣场高陡边坡溜渣及冲沟	弃渣场高陡边坡溜渣

弃渣场高陡边坡溜渣	管道工程站场外挖方边坡裸露

续表 3-2

| 施工道路边坡溜渣 | 施工道路边坡溜渣 |

3.1.2　植被恢复

线性工程植被恢复问题按照工程特点,主要分为取、弃土(渣)场植被恢复问题、施工道路植被恢复问题、主体工程植被恢复问题、大型临建植被恢复问题四大类。

取、弃土(渣)场植被恢复问题主要集中在取、弃土(渣)场边坡,主要是由于边坡土(渣)松散,坡面缺乏截排水设施,坡面极易被冲刷,坡面土(渣)质也不利于植被生长,后期恢复难度较大,治理效果不理想。

施工道路植被恢复问题主要集中在施工道路路面及边坡,主要是由于施工道路路面被压实,后期未及时实施松土等土地整治措施;施工道路边坡由于施工时未采取有效的施工组织管理和拦挡措施,边坡土质松软,坡面缺乏截排水设施,坡面极易被冲刷,坡面土质也不利于植被生长;施工结束后,部分施工道路仍被用作检修道路使用,导致施工道路无法恢复植被。

主体工程植被恢复问题主要体现在填方路基边坡、路堑边坡、桥涵椎体边坡及桥下由于施工扰动原地貌,施工前未及时剥离表土,施工结束后未采取有效土地整治措施,导致植被恢复效果欠佳。

大型临建植被恢复问题主要体现在大型临建使用完毕后,未能及时采取有效的土地整治措施,导致植被恢复效果欠佳。

线性工程植被恢复问题情况见表 3-3。

线性工程植被恢复问题典型实例见表 3-4。

表3-3　线性工程植被恢复问题情况

工程类型	典型问题	发生时段	发生部位	主要原因	影响
铁路工程	取、弃土(渣)场边坡,弃土(渣)场渣顶,施工道路,主体工程边坡,大型临时建筑物植被覆盖度低	施工期、植被恢复期	取、弃土(渣)场边坡,弃土(渣)场渣顶及施工道路上、下边坡及路面	扰动原地表前未及时剥离表土,土地整治不到位,草灌乔选择不恰当,后期管护不到位	治理难度大,治理效果不明显,影响沿线生态环境,制约水土保持设施竣工验收
公路工程	取、弃土(渣)场边坡,弃土(渣)场渣顶,施工道路,主体工程边坡,大型临时建筑物植被覆盖度低	施工期、植被恢复期	取、弃土(渣)场边坡,弃土(渣)场渣顶及施工道路上、下边坡及路面	扰动原地表前未及时剥离表土,土地整治不到位,草灌乔选择不恰当,后期管护不到位	治理难度大,治理效果不明显,影响沿线生态环境,制约水土保持设施竣工验收
管线工程	管线穿越段、爬坡段植被覆盖度低	施工期、植被恢复期	管线穿越段、爬坡段边坡	扰动原地表前未及时剥离表土,土地整治不到位,草灌乔选择不恰当,后期管护不到位	治理效果不明显,影响沿线生态环境,制约水土保持设施竣工验收

表3-4　线性工程植被恢复问题典型实例

弃土(渣)场边坡裸露	弃土(渣)场边坡裸露

续表 3-4

弃土(渣)场边坡裸露	弃土(渣)场边坡裸露
弃土(渣)场边坡裸露	弃土(渣)场边坡裸露
管道工程施工场地裸露	管道工程施工场地裸露

3.1.3 局部冲沟

线性工程局部冲沟问题按照工程特点,主要分为弃土(渣)场边坡冲沟问题,施工道路下边坡冲沟问题,主体工程的填方路基边坡、路堑边坡、桥梁桥墩边坡冲沟问题三大类。

弃土(渣)场边坡冲沟问题主要集中在弃土(渣)场弃土(渣)边坡,主要是由于边坡土(渣)松散,坡面缺乏截排水沟、挡水埂等排水设施,边坡裸露,坡度较陡,坡面极易被冲刷,出现冲沟侵蚀。

施工道路下边坡冲沟问题主要集中在施工道路下边坡,主要是由于施工道路施工时未采取有效施工组织管理和拦挡措施,边坡土质松软,坡面缺乏排水设施,边坡裸露,坡度较陡,坡面极易被冲刷,出现冲沟侵蚀。

主体工程边坡冲沟问题主要体现在填方路基边坡、路堑边坡、桥涵椎体边坡,主要是主体工程坡长较长,截排水设施未充分发挥作用,边坡局部裸露,坡面极易被冲刷,出现冲沟侵蚀。

线性工程局部冲沟问题情况见表3-5。

线性工程局部冲沟问题典型实例见表3-6。

表 3-5 线性工程局部冲沟问题情况

工程类型	典型问题	发生时段	发生部位	主要原因	影响
铁路工程	取、弃土(渣)场边坡、施工道路路面及下边坡、路基边坡、桥涵椎体边坡局部出现冲沟	施工期、运行期雨季	取、弃土(渣)场边坡、施工道路下边坡、路基边坡、桥涵椎体边坡	截排水设施不完善,径流集中造成冲刷;边坡土质松软	加剧坡面水土流失,影响治理效果,制约水土保持设施竣工验收
公路工程	取、弃土(渣)场边坡、施工道路路面及下边坡、路基边坡、桥涵椎体、边坡局部出现冲沟	施工期、运行期雨季	取、弃土(渣)场边坡、施工道路下边坡、路基边坡、桥涵椎体边坡	截排水设施不完善,径流集中造成冲刷;边坡土质松软	加剧坡面水土流失,影响治理效果,制约水土保持设施竣工验收
管线工程	管道爬坡段、场站边坡、施工道路路面及下边坡局部出现冲沟	施工期、运行期雨季	管道爬坡段、场站边坡、施工道路下边坡	边坡土质松软,压实度不够	加剧坡面水土流失,影响治理效果,制约水土保持设施竣工验收

表 3-6　线性工程局部冲沟问题典型实例

弃土(渣)场边坡冲沟	弃土(渣)场边坡冲沟
弃土(渣)场边坡冲沟	弃土(渣)场边坡冲沟
弃土(渣)场边坡冲沟	弃土(渣)场边坡冲沟

续表 3-6

弃土(渣)场边坡冲沟	弃土(渣)场边坡冲沟
弃土(渣)场边坡冲沟	弃土(渣)场边坡冲沟
弃土(渣)场边坡冲沟	施工道路冲沟

续表 3-6

路基边坡冲沟	路基边坡冲沟

3.1.4　截排水沟

线性工程截排水问题按照工程特点,主要分为弃土(渣)边坡截排水问题、施工道路下边坡截排水问题两大类。

弃土(渣)边坡、施工道路下边坡由于部分坡面未设置截排水沟或截排水沟不完善,截排水沟末端未修建消能顺接设施,截排水沟末端位置选择不当,导致坡面被冲刷,截排水沟末端被冲刷,加剧水土流失。

线性工程截排水问题情况见表 3-7。

线性工程截排水问题典型实例见表 3-8。

表 3-7　线性工程截排水问题情况

工程类型	典型问题	发生时段	发生部位	主要原因	影响
铁路工程	取、弃土(渣)场边坡、施工道路下边坡截排水沟措施不完善,截排水沟末端顺接消能设施	施工期、运行期雨季	取、弃土(渣)场边坡、施工道路下边坡	截排水设施未设置或不完善,截排水沟末端未修建消能顺接设施或位置选择不当	加剧坡面水土流失,影响治理效果

续表 3-7

工程类型	典型问题	发生时段	发生部位	主要原因	影响
公路工程	取、弃土(渣)场边坡、施工道路下边坡截排水沟措施不完善,截排水沟末端顺接消能设施	施工期、运行期雨季	取、弃土(渣)场边坡、施工道路下边坡	截排水设施不完善,截排水沟末端未修建消能顺接设施或位置选择不当	加剧坡面水土流失,影响治理效果

表 3-8　线性工程截排水问题典型实例

弃土(渣)场边坡未设置截排水	弃土(渣)场边坡未设置截排水

3.1.5 大型临时建筑物迹地恢复

大型临时建筑物迹地恢复问题分以下两种情况,一是施工迹地硬化和临时建筑物未拆除或拆除不彻底,二是由于施工过程未分类按规则规范堆放,造成用地边界土石或废弃物混杂难以清理,影响土地功能及区域生态美观。

线性工程大型临时建筑物迹地恢复问题情况见表 3-9。

线性工程大型临时建筑物迹地恢复问题典型实例见表 3-10。

表 3-9　线性工程大型临时建筑物迹地恢复问题情况

工程类型	典型问题	发生时段	发生部位	主要原因	影响
铁路工程	大型临时建筑物迹地恢复不彻底	施工完毕,后期恢复阶段	施工生活区,制梁场等	临时建筑物未拆除或拆除不彻底,施工期缺乏组织管理	影响生态环境和土地功能恢复
公路工程	大型临时建筑物迹地恢复不彻底	施工完毕,后期恢复阶段	施工生活区,绊合站等	临时建筑物未拆除或拆除不彻底,施工期缺乏组织管理	
管线工程	大型临时建筑物迹地恢复不彻底	施工完毕,后期恢复阶段	施工生产生活区	临时建筑物未拆除或拆除不彻底,施工期缺乏组织管理	

表 3-10　线性工程大型临时建筑物迹地恢复问题典型实例

大型临时建筑物未拆除	大型临时建筑物未拆除

续表 3-10

| 大型临时建筑物迹地清理不彻底 | 大型临时建筑物迹地清理不彻底 |

| 大型临时建筑物迹地清理不彻底 | 大型临时建筑物迹地清理不彻底 |

| 制梁场场地杂乱 | 大型临时场地未复垦 |

3.2　相关行业水土流失问题综合治理关键技术研究

线性工程具有线路长、跨越地貌类型多,动用土石方量大、沿线取弃土(渣)场多而分散,同时,也表现出水土流失量大、形式多样、阶段性明显等特点。例如铁路、公路及管道工程的水土流失主要发生在高填深挖段、取弃土(渣)场、施工道路等区域。线性工程针对其水土流失特点,采取了一些多样化水土流失防治措施,治理技术包括边坡治理、植被恢复、土地整治等。目前,较为常用的治理措施有菱形浆砌片石网格内植草灌、三维网植草护坡、蜂巢格室覆盖固土绿化、六边形空心砖内植草、拱形骨架护坡内植草灌、浆砌石护坡及纯植物护坡等。本章节将重点分析线性工程中较为成功或治理效果显著的案例。

3.2.1　边坡治理技术

弃土(渣)场边面治理是该工程边坡治理的重点区域,采取的治理措施根据弃土(渣)场堆置特点不同大致可分为以下三类:

一是,上游有汇水、边坡较陡的,治理体系主要包括边坡分级削坡,降低边坡坡度,马道增加横向挡水埂、截水沟,边坡增加竖向排水沟并考虑排水沟末端顺接,顶部畦垄整地,边坡采取工程护坡、植物护坡或综合护坡。

二是,上游汇水较少、边坡较陡的,分宽阶台削坡整地,阶台平面畦垄整地,边坡采取工程护坡、植物护坡或综合护坡的;纵坡两侧设置排水沟。

三是,上游无汇水、边坡较缓的,宽阶台畦垄整地为主;边坡采取工程护坡、植物护坡或是综合护坡,工程护坡多为浆砌石护坡、框格护坡、混凝土护坡、干砌石护坡等,植物护坡多为边坡植草灌(乔)、边坡客土喷播绿化、植被混凝土护坡、植生毯绿化护坡、生态袋绿化护坡、生态型框绿化护坡、蜂巢格式覆盖固土绿化、桩板挡土绿化等,综合护坡多为框格护坡内植草灌等。

线性工程不同类型区(地区)的各种类型弃渣场治理措施情况见表3-11。

线性工程取、弃土(渣)场治理前后效果对比情况见表3-12。

表 3-11　线性工程不同类型区(地区)的各种类型弃渣场治理措施情况

堆置特点	治理措施	治理难度及效果
上游有汇水、边坡较陡的	马道增加横向挡水埂、截水沟,边坡增加竖向排水沟并考虑排水沟末端顺接,顶部畦垄整地,边坡采取工程护坡、植物护坡或综合护坡	治理难度较大,治理后边坡变缓,坡面冲沟显著减少,渣顶及边坡植被覆盖度及成活率提高
上游汇水较少、边坡较陡的	分宽阶台削坡整地,阶台平面畦垄整地,工程护坡、植物护坡或综合护坡	治理难度较大,坡面冲沟显著减少,渣顶及边坡植被覆盖度及成活率提高
上游无汇水、边坡较缓的	宽阶台畦垄整地,工程护坡、植物护坡或综合护坡	治理难度一般,渣顶及边坡植被覆盖度及成活率提高

表 3-12　线性工程取、弃土(渣)场治理前后效果对比情况

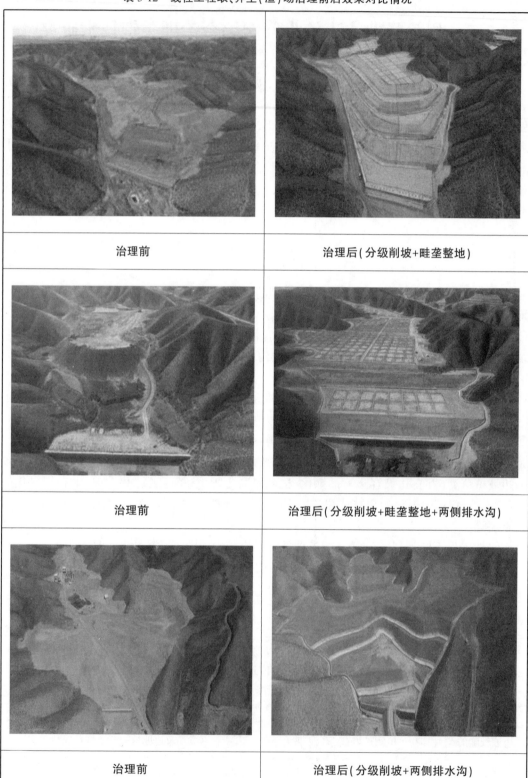

治理前	治理后(分级削坡+畦垄整地)
治理前	治理后(分级削坡+畦垄整地+两侧排水沟)
治理前	治理后(分级削坡+两侧排水沟)

续表 3-12

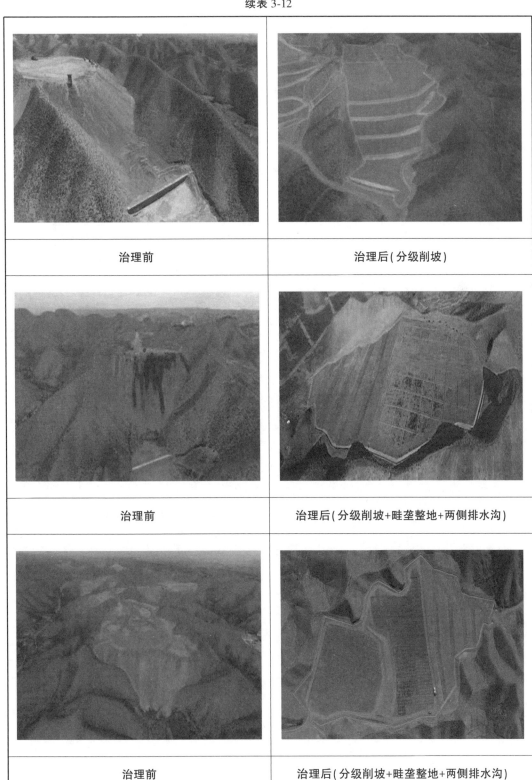

治理前	治理后(分级削坡)
治理前	治理后(分级削坡+畦垄整地+两侧排水沟)
治理前	治理后(分级削坡+畦垄整地+两侧排水沟)

续表 3-12

治理前	治理后(分级削坡+两侧排水沟)

治理前	治理后(分级削坡+两侧排水沟)

治理前	治理后(分级削坡+畦垄整地+两侧排水沟)

续表 3-12

治理前	治理后(分级削坡+畦垄整地+两侧排水沟)

治理前	治理后(分级削坡+两侧排水沟)

治理前	治理后(分级削坡+畦垄整地+单侧排水沟)

续表 3-12

治理前	治理后（分级削坡+畦垄整地+两侧排水沟）

治理前	治理后（分级削坡+畦垄整地+两侧排水沟）

治理前	治理后（分级削坡+畦垄整地+单侧排水沟）

续表 3-12

| 取土场治理前 | 取土场治理后(陡坡削坡+底部平整) |

| 取土场治理前 | 取土场治理后(陡坡分级削坡+底部平整) |

3.2.2　局部冲沟治理技术

　　冲沟的治理涉及降低径流冲刷能力和提高土壤抵抗力两个方面。其中,降低径流冲刷能力体现在截排水和阻断径流的整地措施及排水沟的顺接措施;提高土壤抵抗力包括按设计落实土壤密实度、边坡坡度和必要的拦挡防护措施。冲沟侵蚀的治理需结合地形地势、降雨条件、工程特点、利用方向等综合考虑截+排+拦+蓄+植被恢复相结合的综合防护措施。

　　线性工程冲沟治理后效果情况见表 3-13。

表 3-13　线性工程冲沟治理后效果情况

弃土(渣)场边坡冲沟治理效果 (分级削坡+植草护坡+两侧排水沟)	弃土(渣)场边坡冲沟治理效果 (分级削坡+植草护坡+截排水水沟)

弃土(渣)场边坡冲沟治理效果 (分级削坡+混凝土护坡+两侧排水沟)	弃土(渣)场边坡冲沟治理效果 (坡面平整+框格植草乔护坡)

道路冲沟治理前(路面冲沟严重)	道路冲沟治理后(平整路面+两侧排水沟)

3.2.3　植被恢复治理技术

线性工程植被恢复治理重点难点区域为铁路、公路弃土(渣)场边坡植被恢复,采取的治理措施主要是雨水拦蓄利用、局部整地和边坡植被恢复相结合治理体系,边坡植被恢复主要为常规绿化及工程绿化两大类。常规绿化即依据坡度坡质选择适宜的树草种,植草或植草灌(乔),也是线性工程植被恢复的常规做法;工程绿化即依据立地条件,开展菱形浆砌片石网格内植草灌、三维网植草护坡、蜂巢格室覆盖固土绿化、六边形空心砖内植草、拱形骨架护坡内植草灌等。

线性工程植被恢复治理后效果情况见表 3-14。

表 3-14　线性工程植被恢复治理后效果情况

弃土(渣)场植被恢复治理效果 (土地整治+排水沟+植草护坡)	弃土(渣)场植被恢复治理效果 (土地整治+排水沟+植草灌护坡)

弃土(渣)场植被恢复治理效果 (土地整治+排水沟+框格植物护坡)	弃土(渣)场植被恢复治理效果 (土地整治+排水沟+框格植物护坡)

续表 3-14

弃土(渣)场植被恢复治理效果 (土地整治+植草乔护坡)	管道工程爬坡段植被恢复治理效果 (畦网整地+截排水+拦挡+植灌草护坡)

水库坡面植被恢复治理效果 (框格固结植生护坡)	道路边坡植被恢复治理效果 (固结植生护坡)

3.2.4　土地整治

　　线性工程土地整治的目的是恢复土地原有功能,为复耕或植被恢复改良土壤条件;通过清理整治施工现场,使施工用地规则整齐,融入周边环境,尽可能降低施工对生态环境的影响;同时在整治过程中综合考虑利用降雨及径流资源,同时避免降雨汇流或排水对区域外造成水土流失影响。

　　线性工程采取的土地整治治理技术主要包括水平阶整地、水平沟整地、反坡梯田、撩壕整地、穴状整地、鱼鳞坑整地、畦垄整地等。

　　线性工程土地整治治理后效果情况见表 3-15。

表 3-15　线性工程土地整治治理后效果情况

弃土(渣)场渣面畦垄整地整治效果

管道工程爬坡段穴状整地整治治理效果

水平沟整地整治效果

坡面鱼鳞坑整地整治效果

3.3　相关行业水土流失综合治理技术可借鉴性

铁路、公路等线性工程与架空输变电工程的工程特点相似,路径长、线路跨度大,涉及土壤、植被类型多样,地形条件复杂,水土流失呈有规律的分散点状分布,水土流失现象多发生在施工期。线性工程主要的水土流失治理主要为坡面治理,坡面治理技术又包含了工程护坡、植物护坡、综合护坡、生态护坡等,其中综合护坡即为工程护坡+常规绿化或工程护坡+工程绿化。

结合铁路、公路等线性工程的治理经验,梳理不同类型水土流失防治措施经验做法,供输变电工程借鉴参考(见表 3-16)。

表 3-16 可借鉴水土流失治理模式及效果

水土流失类型	铁路、公路等线性工程治理措施		架空输变电工程可借鉴模式		
	治理措施	效果	相似点	可借鉴措施	预期效果
坡面高陡	坡脚拦挡、边坡分级削坡、横向挡水埂、横向截水沟、纵向排水沟、工程护坡、植物护坡或综合护坡，顶部畦垄等整地方式	边坡坡度放缓，规则整齐，恢复后与周边环境协调	溜渣坡面边坡土质松软、局部高陡	坡脚拦挡、植物护坡或综合护坡、局部整地方式等	部分适用，治理后溜渣坡面规则整齐，治理后与周边环境协调
局部有冲沟	截排水、分级削坡、畦垄或阶台等整地方式，工程护坡、植物护坡或综合护坡	避免汇水，阻断排导径流，减缓坡面冲刷	截排水设施不完善或未实施，降雨形成汇水无法引排引起	汇水引排、局部整地方式、外排消能	部分适用，有效避免局部冲沟现象
植被覆盖度低	规范整地、保水保肥，科学配置草灌乔种，采取常规绿化和工程绿化，加强后期抚育管理	植被成活率提高，覆盖度达标	植被恢复前未规范开展整地，草灌乔种选择不当，后期管护不到位	局部整地方式、常规绿化及工程绿化	适用，可以提高林草恢复效果
截排水问题	因地制宜布设截排水沟，增加排水沟末端消能措施	有效引排汇水	截排水沟设置不合理、不完善，排水沟末端缺少顺接措施	根据下垫面情况，因地制宜布设截排水沟及排水沟末端消能措施	适用，可以有效引排汇水
土地整治问题	畦垄整地、水平阶、水平沟、反坡梯田、撩壕整地、鱼鳞坑等整地方式	土地功能得以恢复	未能规范开展整地	畦垄整地、水平阶、水平沟、反坡梯田、撩壕整地、鱼鳞坑等局部整地方式	适用，可以有效恢复土地功能

3.4　本章小结

　　本章通过对铁路、公路及管道等线性工程展开分析得出如下结论：

　　(1)铁路、公路及管道等线性工程和架空输电线路工程同属线性工程,路径长,沿线地形地貌复杂,施工过程中发生的水土流失问题突出体现在山丘区,且多种水土流失问题交织存在。

　　(2)铁路、公路及管道等线性工程水土流失重点难点问题即弃土(渣)场的治理,而弃土(渣)场治理重点即坡面治理,弃土(渣)场坡面同架空输变电工程溜坡溜渣坡面具有相似性,都是原坡面被扰动后,坡面土质松散,局部高陡,坡面腐殖质土层遭到破坏,扰动后的坡面土层不利于植被生长,植被恢复周期长、效果差。

　　(3)铁路、公路与管道等线性工程治理技术包括边坡治理、植被恢复、土地整治等。目前,较为常用的治理措施有土地整治、菱形浆砌片石网格内植草灌、三维网植草护坡、蜂巢格室覆盖固土绿化、六边形空心砖内植草、拱形骨架护坡内植草灌、浆砌石护坡及纯植物护坡等。

第 4 章

山丘区架空输电线路工程
水土流失综合治理关键技术研究

　　以全国水土保持规划(2015—2030 年)中全国水土保持区划为依据,来探讨山丘区架空输电线路水土流失问题综合治理关键技术。

　　全国水土保持区划采用三级分区体系,一级区体系总体格局,明确全国水土流失防治方略,反映水土资源保护、开发和合理利用的总体各区,体现地势和水热条件及水土流失成因的一致性或区间差异性;二级区为区域协调区,明确区域水土保持布局,明确预防治理及规划目标、任务及重点,反应区域特征优势地貌、水土流失特点、植被区带分布特征等的差异性和一致性特点;三级区为基本功能区,主要进行水土保持功能定位及区域水土流失防治需求。

　　结合输电线路工程存在的问题,围绕山丘区的研究范围,紧密结合各类型区自然条件和治理需求,因地制宜,因害设防,提出山丘区架空输电线路水土保持措施综合治理体系,并对植被恢复、土地整治、防洪排导等关键技术展开研究。

4.1 八大水土流失类型区特点

4.1.1 东北黑土区

东北黑土区主要包括 4 个二级分区,分别为大小兴安岭山地区、长白山—完达山山地丘陵区、大兴安岭东南山地丘陵区和呼伦贝尔丘陵平原区,各区降雨 300~800 mm 不等,变化范围较大,水土保持定位和发展需求见表 4-1。

表 4-1 东北黑土区现状及治理需求

水土流失特点及治理需求	二级分区	水土保持发展定位
水力侵蚀为主,间有风力侵蚀,北部有冻融侵蚀。 应合理利用和保护黑土资源,在丘陵漫岗区宜布设坡面径流排导工程,防护措施应考虑冻害影响	大小兴安岭山地区	水源涵养及保土生态维护区
	长白山—完达山山地丘陵区	水源涵养减灾和水质维护保土区
	大兴安岭东南山地丘陵区	土壤保持区
	呼伦贝尔丘陵平原区	防沙生态维护区

东北黑土地是世界三大黑土区之一。由于自然及人文因素,黑土区土层由开垦时的 50~60 cm 降到了目前的 20 cm 左右,近 10%的表土层已经露出了黄土母质。有报道称,每生成 1 cm 黑土层需要 300~500 年时间,基本不可再生。结合该区水源涵养、减灾、保土、水质维护和防沙生态维护等不同定位和需求,同时结合施工用地恢复利用方向,因害设防、因地制宜。

东北黑土区水土流失治理关键技术包括整地、植被恢复和排水措施等,涉及土地整治工程、降雨蓄渗工程、防洪排导工程、植被建设工程。同时应考虑黑土资源的保护及防冻胀措施。

4.1.2 北方风沙区

北方风沙区主要包括内蒙古中部高原丘陵区、河西走廊及阿拉善高原区、北疆山地盆地区和南疆山地盆地区 4 个二级区,区域生态环境脆弱,区内草场退化,土地风蚀与沙化问题突出,水资源匮乏,植被破坏和沙丘活化现象严重。

结合不同区域的发展定位和土地利用现状,主要包括保土生态维护、保土蓄水、防沙生态维护、水源涵养生态维护、河谷减灾蓄水、农田防护水源涵养防沙减灾等内容。水土保持定位和发展需求见表 4-2。

表 4-2　北方风沙区现状及治理需求

水土流失特点及治理需求	二级分区	水土保持发展定位
水土流失以风力侵蚀为主，局部地区风蚀和水蚀并存。 应控制施工扰动范围，保护地表结皮层、沙壳、砾幕，可采取砾（片、碎）石覆盖、沙障、植物固沙、化学固化等措施防治风蚀，植物措施宜配套灌溉设施	内蒙古中部高原丘陵区	锡林郭勒高原保土生态维护区、蒙冀丘陵保土蓄水区、阴山北麓山地高原保土蓄水区
	河西走廊及阿拉善高原区	山地防沙生态维护区
	北疆山地盆地区	准格尔盆地北部水源涵养生态维护区、伊犁河谷减灾蓄水区、盆地生态维护防沙区
	南疆山地盆地区	农田防护水源涵养区、农田防护防沙区

北方风沙区的主要制约因素是干旱少雨，地表裸露，因此植被恢复的前提是雨水利用措施；由于植被恢复难度大且效果慢，对于已造成水土流失的施工区域，需要结合整地、雨水利用抗蚀促生技术，促进植被恢复。另外，因地制宜，提升地表覆盖，包括砾石压盖措施，增加地表土壤抗蚀性，降低风力侵蚀。水土流失治理关键技术包括防风固沙、整地和植被恢复措施，涉及防风固沙工程、土地整治工程和植被建设工程。

4.1.3　北方土石山区

北方土石山区主要包括辽宁环渤海山地丘陵区、燕山及辽西山地丘陵区、太行山山地丘陵区、泰沂及胶东山地丘陵区和豫西南山地丘陵区 5 个二级区。

北方土石山区水蚀、风蚀、重力侵蚀广泛分布，区内土层薄，结合该区环境维护、保土拦沙、保土蓄水、防沙水源涵养、土壤保持、农田防护及保土水源涵养等不同定位和需求，同时结合施工用地恢复利用方向，因害设防、因地制宜。本区水土流失治理关键技术包括边坡防护、整地、植被恢复和表土保护技术。水土保持定位和发展需求见表 4-3。

北方土石山区的特点是土质缺乏，针对工程建设过程中的治理和恢复问题，关键仍然是人为创造植被恢复条件，同时考虑雨水的利用和排导措施。水土流失治理关键技术包括整地、植被恢复和排水措施等，涉及土地整治工程、降雨蓄渗工程、防洪排导工程、植被建设工程。

4.1.4　西北黄土高原区

西北黄土高原区主要包括宁蒙覆沙黄土丘陵区、晋陕蒙丘陵沟壑区、汾渭及晋城丘陵阶地区、晋陕甘高塬沟壑区和甘宁青山地丘陵沟壑区 5 个二级区。

表 4-3　北方土石山区现状及治理需求

水土流失特点及治理需求	二级分区	水土保持发展定位
水土流失以水力侵蚀为主，部分地区间有风力侵蚀。应保存和综合利用土壤资源，江河上游水源涵养区应采取水源涵养措施	辽宁环渤海山地丘陵区	丘陵保土拦沙区及人居环境维护减灾区
	燕山及辽西山地丘陵区	保土蓄水及水源涵养生态维护区
	太行山山地丘陵区	防沙、保土及水源涵养区
	泰沂及胶东山地丘陵区	蓄水保土及土壤保持区
	豫西南山地丘陵区	山地丘陵保土蓄水和水源涵养区

西北黄土高原区土层深厚、坡陡沟深、水土流失最为严重，结合该区蓄水保土、拦沙保土、拦沙防沙、保土蓄水等不同定位和需求，同时结合施工用地恢复利用方向，因害设防、因地制宜。本区水土流失治理关键技术包括整地、植被恢复(含雨水利用)、排水和表土保护技术。水土保持定位和发展需求见表 4-4。

表 4-4　西北黄土高原区现状及治理需求

水土流失特点及治理需求	二级分区	水土保持发展定位
水土流失以水力侵蚀为主，北部地区水蚀和风蚀交错。坡面应采取截(排)水和排水顺接、消能措施，宜设置雨水集蓄利用设施	宁蒙覆沙黄土丘陵区	蓄水保土区及防沙生态维护区
	晋陕蒙丘陵沟壑区	拦沙保土区及盖沙丘陵区拦沙防沙区
	汾渭及晋城丘陵阶地区	保土蓄水区
	晋陕甘高塬沟壑区	保土蓄水区
	甘宁青山地丘陵沟壑区	蓄水保土区

西北黄土高原水土流失治理关键问题是防治水土流失，趋利避害，因地制宜，采取综合防治措施，结合整地措施，利用降雨径流，在防治水土流失的同时促进扰动区域土地功能恢复。水土流失治理关键技术包括整地、植被恢复和排水措施等，涉及土地整治工程、降雨蓄渗工程、植被建设工程等。

4.1.5　南方红壤区

南方红壤区主要包括江淮丘陵及下游平原区、大别山—桐柏山山地丘陵区、长江中游丘陵平原区、江南山地丘陵区、浙闽山地丘陵区、南岭山地丘陵区、华南沿海丘陵台地区和海南及南海诸岛丘陵台地区 8 个二级区，结合不同区域的发展定位和土地利用现状，主要包括农田及人居水质维护保土区、水源涵养保土区、生态维护及减灾区、土壤保持区、水源涵养保土及土壤保持区等内容。水土保持定位和发展需求见表 4-5。

表 4-5 南方红壤区现状及治理需求

水土流失特点及治理需求	二级分区	水土保持发展定位
水土流失以水力侵蚀为主,局部地区崩岗发育,滨海环湖地带兼有风力侵蚀。坡面应布设径流排导工程,防止引发崩岗、滑坡等灾害,针对暴雨、台风特点,应采取应急防护措施	江淮丘陵及下游平原区	太湖丘陵平原及沿江丘陵岗地人居环境维护区
	大别山—桐柏山山地丘陵区	山地丘陵水源涵养保土区及丘陵保土农田防护区
	长江中游丘陵平原区	水质及人居环境维护区
	江南山地丘陵区	水质维护区生态维护及减灾区、土壤保持区
	浙闽山地丘陵区	人居环境维护区、生态维护区、水质维护区
	南岭山地丘陵区	水源涵养保土及土壤保持区
	华南沿海丘陵台地区	人居环境维护区
	海南及南海诸岛丘陵台地区	水源涵养区及生态维护区

南方红壤区降雨量大,水土流失严重,治理的关键问题是综合防治水土流失,采取工程措施预防排导降雨径流,结合整地措施,在满足雨水利用的基础上,综合拦挡、排水和整地措施预防洪水和渍涝灾害。水土流失治理关键技术包括整地和排水措施等,涉及土地整治工程、防洪排导工程等。

4.1.6 西南紫色土区

西南紫色土区主要包括秦巴山山地区、武陵山山地丘陵区和川渝山地丘陵区 3 个二级区,结合不同区域的发展定位和土地利用现状,主要包括丹江口水库周边山地丘陵水质维护保土、秦岭南麓水源涵养保土、陇南山地保土减灾、大巴山山地保土生态维护区、山地及丘陵水源涵养保土区、山地保土人居环境维护区、山地减灾生态维护区、四川盆地南部中低山丘陵土壤保持区等内容。

结合该区保土生态维护、保土蓄水、防沙生态维护、水源涵养生态维护、河谷减灾蓄水、农田防护水源涵养防沙减灾等不同定位和需求,同时结合施工用地恢复利用方向,因害设防、因地制宜。本区水土流失治理关键技术包括土地整治、植被恢复(含雨水利用)、边坡固结植生技术和表土保护技术。水土保持定位和发展需求见表 4-6。

表 4-6　西南紫色土区现状及治理需求

水土流失特点及治理需求	二级分区	水土保持发展定位
水土流失以水力侵蚀为主,局部地区滑坡、泥石流等山地灾害频发。弃土(石、渣)场应注重防洪排水、拦挡措施,江河上游水源涵养区应采取水源涵养措施	秦巴山山地区	丹江口水库周边山地丘陵水质维护保土、秦岭南麓水源涵养保土、陇南山地保土减灾、大巴山山地保土生态维护区
	武陵山山地丘陵区	山地及丘陵水源涵养保土区
	川渝山地丘陵区	山地保土人居环境维护区、山地减灾生态维护区、四川盆地南部中低山丘陵土壤保持区

　　西南紫色土区降雨量大,地表破坏后容易造成严重水土流失,水土流失治理的关键问题是雨洪排导,结合截排水、拦挡和整地措施按需利用雨水资源,同时做好土地整治初期的地表覆盖措施,防治水土流失。水土流失治理关键技术包括整地和排水措施等,涉及土地整治工程、防洪排导工程等。

4.1.7　西南岩溶区

　　西南岩溶区主要包括滇黔桂山地丘陵区、滇北及川西西南高山峡谷区和滇西南山地区3个二级区,结合不同区域的发展定位和土地利用现状,主要包括保土拦沙、维护减灾区、保土蓄水区、水源涵养区、农田防护水源涵养等内容。水土保持定位和发展需求见表4-7。

表 4-7　西南岩溶区现状及治理需求

水土流失特点及治理需求	二级分区	水土保持发展定位
水土流失以水力侵蚀为主,局部地区存在滑坡、泥石流。应保存和综合利用土壤资源,应避免破坏地下暗河和溶洞等地下水系	滇黔桂山地丘陵区	蓄水保土及水源涵养区
	滇北及川西西南高山峡谷区	峡谷保土减灾、低山蓄水拦沙区、高山生态维护区、高原保土人居环境维护区
	滇西南山地区	低山宽谷生态维护区、低山保土减灾区

　　西南岩溶区水土流失治理的关键问题土壤缺乏、降水量大,易发水土流失和山洪灾害。水土保持重点要做好土地整治、雨水排导和植被恢复措施。水土流失治理关键技术包括整地、植被恢复和排水措施等,涉及土地整治工程、防洪排导工程和植被建设工程等。

4.1.8 青藏高原区

青藏高原区主要包括柴达木盆地及昆仑山北麓高原区、若尔盖江河源高原山地区、羌塘—藏西南高原区、藏东—川西高山峡谷区和雅鲁藏布河谷及藏南山地区 5 个二级区,结合不同区域的发展定位和土地利用现状,主要包括保土拦沙、维护减灾区、保土蓄水区、水源涵养区、农田防护水源涵养等内容。水土保持定位和发展需求见表4-8。

表4-8 青藏高原区现状及治理需求

水土流失特点及治理需求	二级分区	水土保持发展定位
冻融、水力、风力侵蚀均有分布。应严格控制施工扰动范围,保护地表、植被,高原草甸区应注重草皮的剥离、保护和利用,防护措施应考虑冻害影响	柴达木盆地及昆仑山北麓高原区	山地水源涵养及生态维护保土区
	若尔盖江河源高原山地区	生态维护水源涵养区
	羌塘-藏西南高原区	生态维护水源涵养区
	藏东-川西高山峡谷区	生态维护水源涵养区
	雅鲁藏布河谷及藏南山地区	生态维护区(农田防护区不考虑)

青藏高原区土层薄且抗蚀力弱,地表覆盖恢复难度大。水土流失治理的关键问题是土地整治、雨水截排利用和植被恢复措施,水土流失治理关键技术包括土地整治、植被恢复和排水措施等,涉及土地整治工程、防洪排导工程和植被建设工程等。

4.2 水土流失综合治理关键技术研究

山丘区架空输电线路工程水土流失五类主要问题中溜坡溜渣、植被恢复、局部冲沟问题较其他问题突出,如不能开展有效治理,会对水土保持自主验收结论产生较大影响,因此水土流失综合治理技术研究主要针对溜坡溜渣、植被恢复、局部冲沟问题展开。其中,溜坡溜渣问题中渣体被清理后,局部冲沟问题中冲沟被平整后,就变成了植被恢复问题。山丘区架空输电线路工程水土流失主要问题综合治理主要包括植物措施、土地整治及截排水沟等关键技术。

4.2.1　植物措施

植物措施技术主要包括常规绿化和工程绿化、植被恢复工法三大类。由于输变电工程对于原地貌的扰动呈现点状散片式分布,故结合八大水土流失类型区特点,适用于山丘区架空输电线路工程水土流失主要问题综合治理的植物措施技术主要为常规绿化和工程绿化技术。其中,常规绿化在山丘区架空输电线路工程水土流失主要问题综合治理中得到广泛应用。

植物措施技术关键是要根据水土流失问题特点及立地条件,因地制宜地选择适当地措施类型和植物种类,使植物本身的生态习性和布设地点的环境条件基本一致,针对八大水土流失类型区,植物措施的显著差异主要体现在树草种配置及工程绿化中固土技术的选择。因此,植被立地类型划分是确定树草种配置的基础,土壤改良是植物措施实施效果的基础,植物措施设计及施工组织是施工的基础。

(1)植被立地类型划分。植被立地类型划分就是把相近或相同生产力地块划分为一类,按照类型选用树草种,设计植树造林种草措施。

植被立地类型划分包括两个步骤。第一步,应根据工程所处自然气候区和植被分布地带,确定基本植被类型,基本植被类型区按照八大水土流失类型区分类,具体涉及地区见表4-9。基本植被类型区根据气候、植被区划、水土流失区划来确定的,不同地区有不同的基本植被类型。第二步,按照地面物质、覆土状况、地形地貌等主要立地因子确定植被立地类型。

表 4-9　八大水土流失类型区基本植被类型区

水土流失类型区划	范围	特点
东北黑土区	东北山地丘陵区,包括内蒙古、辽宁、吉林和黑龙江 4 省(自治区)244 个县(市、区、旗)	以黑土、黑钙土、灰色森林土、暗棕壤、棕色针叶林土为主。属温带季风气候区。年均降水量 300~800 mm。主要植被类型包括落叶针叶林、落叶针阔混交林和草原植被等
北方风沙区	新甘蒙高原盆地区,包括河北、内蒙古、甘肃和新疆 4 省(自治区)145 个县(市、区、旗)	以栗钙土、灰钙土、风沙土和棕漠土为主。属温带干旱半干旱气候区。大部分地区年均降水量 25~350 mm。主要植被类型包括荒漠草原、典型草原及疏林灌木草原等
北方土石山区	即北方山地丘陵区,包括北京、天津、河北、山西、内蒙古、辽宁、江苏、安徽、山东和河南 10 省(自治区、直辖市)共 662 个县(市、区、旗)	主要包括褐土、棕壤和栗钙土等。属温带半干旱、暖温带半干旱及半湿润气候区。大部分地区年均降水量 400~800 mm。植被类型主要为温带落叶阔叶林、针阔混交林

续表 4-9

水土流失类型区划	范围	特点
西北黄土高原区	包括山西、内蒙古、陕西、甘肃、青海和宁夏 6 省(自治区)共 271 个县(市、区、旗)	主要类型有黄绵土、褐土、垆土、棕壤、栗钙土和风沙土。属暖温带半湿润、半干旱气候区。大部分地区年均降水量 250~700 mm。植被类型主要为暖温带落叶阔叶林和森林草原
南方红壤区	南方山地丘陵区,包括上海、江苏、浙江、安徽、福建、江西、河南、湖北、湖南、广东、广西和海南 12 省(自治区、直辖市)共 859 个县(市、区)	主要包括棕壤、黄红壤和红壤等。属亚热带、热带湿润气候区。大部分地区年均降水量 800~2 000 mm。主要植被类型为常绿针叶林、阔叶林、针阔混交林及热带季雨林
西南紫色土区	即四川盆地及周围山地丘陵区,包括河南、湖北、湖南、重庆、四川、陕西和甘肃 7 省(直辖市)共 254 个县(市、区)	以紫色土、黄棕壤和黄壤为主。属亚热带湿润气候区。大部分地区年均降水量 800~1 400 mm。植被类型主要包括亚热带常绿阔叶林、针叶林及竹林
西南岩溶区	云贵高原区,包括四川、贵州、云南和广西 4 省(自治区)共 273 个县(市、区)	有黄壤、黄棕壤、红壤和赤红壤。属亚热带和热带湿润气候区。大部分地区年均降水量 800~1 600 mm。植被类型以亚热带和热带常绿阔叶、针叶林、针阔混交林为主
青藏高原区	西藏、青海、甘肃、四川和云南 5 省(自治区)共 144 个县(市、区)	以高山草甸土、草原土和漠土为主。从东往西由温带湿润区过渡到寒带干旱区。大部分地区年均降水量 50~800 mm。植被类型主要包括温带高寒草原、草甸和疏林灌木草原

注:本表中基本植被类型区范围引自《全国水土保持规划》(2015—2030 年)。

(2)土壤改良。根据工程扰动地表情况,充分考虑了植被恢复方向后,依据立地类型现状确定相应的土壤改良要求。土壤改良主要通过整地措施、土壤改良措施及工程绿化特殊工法等技术实现。

(3)植物措施。植物措施包括常规绿化技术和工程绿化技术。

常规绿化技术即对有正常土壤层的无扰动、轻微扰动和扰动后经土地整治的待绿化土地再经整地和土壤改良后,植树或植草。

　　工程绿化技术是指由于立地条件较差,需要根据下垫面情况采取适宜的固土+建植技术进行绿化的技术或方法。其技术体系主要由生境营造、稳定植被群落营造和必要的养护管理三部分组成。目前,常见的工程绿化技术有植生袋绿化护坡、客土喷播绿化、植被混凝土护坡绿化、植生毯绿化护坡、生态袋绿化护坡、生态型框绿化护坡、现浇网格生态护坡、蜂巢格室覆盖固土绿化等。

　　不论常规绿化技术还是工程绿化技术,都有其适用的坡度与坡质。常用植被防护型式及其使用条件见表 4-10。

表 4-10　常用植被防护型式及其使用条件

防护型式	适用条件
植草或喷播植草	土质边坡,坡比小于 1:1.25
铺草皮	土质和强风化、全风化岩石边坡,坡比小于 1:1.0
种植灌草	土质、软岩质和全风化硬质边坡,坡比小于 1:1.5
喷混植生	漂土石、块土石、卵石土、碎石土、粗粒土和强风化、弱风化的岩石路堑边坡,或由弃渣填筑的路堤边坡。该方法主要适用于坡比小于 1:1,对于坡比小于 1:0.75 也可应用
客土植生	漂土石、块土石、卵石土、碎石土、粗粒土和强风化的软质岩及强风化、全风化、土壤较少的硬质岩石路堑边坡,或由弃渣填筑的路堤边坡;坡比小于 1:1.0
植生带(毯)	可用于土质、土石混合等经处理后的稳定边坡,坡比小于 1:1.5

注:本表引自《水利水电工程水土保持技术规范》(SL 575—2012)。

4.2.1.1　常规绿化技术

　　适用于山丘区架空输电线路工程水土流失综合治理的常规绿化技术主要为植草或植灌草。常用的植草技术又包括播种植草、铺草皮建植、天然草皮建植,常用的植灌草技术又包括灌草混播、移栽灌木+植草。常规绿化技术一般根据立地条件及植被恢复情况采用单轮或多轮植草或植灌草。山丘区架空输电线路工程已在水土保持方案与后续设计中广泛应用常规绿化技术。

　　常规绿化技术要点主要包括整地、树草种配置、植灌草设计可参考《水土保持设计手册》(生产建设项目卷)(以下简称"设计手册")中的植物措施设计、施工组织可参考设计手册中的植物措施施工设计、后期养护。

　　1. 整地

　　整地即对扰动占压地表的平整及翻松,粗平整之后细部仍不符合要求的要进行细平整,细平整包括全面整地和局部整地,因山丘区架空输电线路工程塔基区、施工道路区等扰动区域呈多点散状式分布,且每个扰动区域面积相对较小,故使用于山丘区架空输电线路工程的常规细平整主要为局部整地,可借鉴的细平整为田面畦垅整地(整治效果见第 3.2.4 章节)。

局部整地包括带状整地和块状整地(可参考"设计手册"的土地整治设计)。

带状整地是呈长条状的整地方法,有一定坡度时,宜沿等高线走向。山丘区的带状整地方法主要有:水平带状、水平阶、水平沟、反坡梯田、撩壕等。

块状整地是呈块状的整地方法。山丘区的块状整地方法主要有:穴状、块状、鱼鳞坑。

畦垄整地:地表清理翻耕之后,作畦的目的主要是调节土壤温度和湿度,便于雨水集蓄利用,在倾斜地,做畦的方向可控制径流对表层土壤的冲刷,降低土壤侵蚀。畦的形式依气候条件、土壤条件及恢复植被或复耕需求而异。常用的有平畦、高畦、低畦及垄等。

(1)平畦。畦面与道路相平,畦的长度和宽度根据地形、地势、灌溉设施、整地质量等决定。适于排水良好、雨量均匀、不需要经常灌溉的地区。应用平畦可以节约畦沟所占面积,提高土地利用率,在地下水位高的地方不易采用平畦。

(2)低畦。畦面低于地面,畦面走道比畦面高,以便蓄水和灌溉。在雨量较少、需要经常灌溉的地区大多采用这种方式做畦。

(3)高畦。畦面稍高于地面,畦间形成畦沟。这种畦的优点是方便排水,增加水分蒸发,减少水分含量,降低表土温度,有利于提高地温。因此,适用于降雨多、地下水位高的地区。另外,在耕土浅的地区,应用高畦,是增厚耕土层的一种有效办法。

适用于八大水土流失类型区的山丘区架空输电线路工程主要整地模式见表4-11。

主要整地方式的技术要求及适用范围、实施效果见表4-12。

表4-11 适用于八大水土流失类型区的山丘区架空输电线路工程主要整地模式

水土流失类型区	常用的主要整地方式	
	带状整地	块状整地
东北黑土区	水平带状、水平沟	穴状、块状、鱼鳞坑
北方风沙区	水平带状	穴状、块状、鱼鳞坑
北方土石山区	水平带状、水平阶	鱼鳞坑、穴状
西北黄土高原区	水平带状、水平阶、反坡梯田	鱼鳞坑、穴状
南方红壤区	水平阶、水平沟	穴状、鱼鳞坑
西南紫色土区	水平阶、水平沟	穴状、鱼鳞坑
西南岩溶区	水平沟	穴状、鱼鳞坑
青藏高原区	水平沟	穴状

2.树草种配置

灌草种尽量选用当地乡土树草种,原则和附近植被景观相协调,栽植密度和管护方式充分考虑降水条件,北方风沙区要兼顾防风固沙需求。

适用于八大水土流失类型区的山丘区架空输电线路工程主要树草种类型参考见表4-13。

表 4-12　主要整地模式的技术要求及适用范围、实施效果

整地方式	适用条件	整地规格	实施效果
水平沟	坡面较为完整、干旱及较陡的斜坡	水平沟上口宽 1 m,沟底宽 60 cm,沟深 60 cm,外侧修 20 cm 高埂;沟内每隔 5 m 修一横挡	
水平阶	坡面较为完整的地带	沿等高线里挖外填,制作阶面水平或稍向内倾斜成反坡;阶宽 1.0~1.5 m;阶长视地形而定,一般为 2~6 m;深度 40 cm 以上;阶外缘培修 20 cm 高土埂	
反坡梯田	坡面较为完整的地带	一般多修成连续带状,田面向内倾斜成 12°~15°反坡,田面宽 1.5~2.5 m;在带内每隔 5 m 筑一土埂,以预防水流汇集;深度 40~60 cm	
穴状整地	坡面较为完整的地带	地形坡度小于 15°,水土流失不严重,原生植被较好,土层厚度不小于 20 cm,土层不连续,有杂石裸露	
鱼鳞坑	地形破碎地带,地质环境不好的坡面	采取挖坑的方式分散拦截坡面径流,控制水土流失。挖坑取出的土,在坑的下方培成半圆的埂,以增加蓄水量。鱼鳞坑穴呈月牙形,直径 0.6~0.8 m,坑深 0.6 m,土埂高 20~25 cm,鱼鳞坑间距 2~3 m,上下两排坑距 2~3 m	

表 4-13　山丘区架空输电线路工程主要树草种类型参考

自然植被区域	范围	植物类型		
		灌木植物	草本植物	攀援植物
寒温带针叶林区域	黑龙江大兴安岭最北部	松江柳、东北山梅花、珍珠梅、山刺玫、紫丁香、蓝果忍冬、红瑞木、茶条槭	线叶菊、冰草、冷蒿、草地早熟禾、狗尾草、赖草、羊草、羊茅	异叶蛇葡萄、山葡萄、五味子
温带针阔混交林区域	东北平原以北和以东广阔山地，南以沈阳至丹东一线为界，北部至黑龙江以南的山地	山刺玫、黄刺玫、珍珠梅、东北山梅花、紫丁香、金银忍冬、长白忍冬、蓝果忍冬、金花忍冬（黄花忍冬）、松江柳、东北连翘、榛、毛榛、紫穗槐、红瑞木、茶条槭、山杏、胡枝子	草地早熟禾、紫羊茅、高羊茅、针茅、无芒雀麦、白草、冰草、类头状花序蓼草（龙须草）、偃麦草、狗尾草、冷蒿、赖草、羊草、马蔺、紫苜蓿、绣球小冠花、斜茎黄耆（沙打旺）、草木樨、白三叶、波斯菊、线叶菊、万寿菊、诸葛菜（二月蓝）、山野豌豆、异穗薹草	三叶地锦、五叶地锦、山葡萄、异叶蛇葡萄、常春藤、紫藤、南蛇藤
暖温带落叶阔叶林区域	东起辽西山地，辽东半岛和胶东半岛山地丘陵，西到青海东部，北界长城，南到秦岭和淮河以北山地丘陵	紫穗槐、胡枝子、沙棘、柠条锦鸡儿、小叶锦鸡儿、山杏、金银忍冬、马棘、欧李、连翘、酸枣、荆条、黄刺玫、华北绣线菊、决明、卫矛、叉子圆柏（砂地柏）、白刺花、滨藜、杠柳、铺地柏、枸杞、黄芦木、榛、毛榛	高羊茅、无芒雀麦、冰草、多年生黑麦草、弯叶画眉草、披碱草、狗尾草、白草、类头状花序蓼草（龙须草）、鸭茅、紫苜蓿、绣球小冠花、斜茎黄耆（沙打旺）、草木樨、驴食草（红豆草）、白三叶、百脉根、马蔺、波斯菊、诸葛菜（二月蓝）、异穗薹草、白颖薹草、赖草、羊草	三叶地锦、五叶地锦、凌霄、白花银背藤（葛藤）、扶芳藤、山葡萄、南蛇藤

续表 4-13

自然植被区域	范围	植物类型		
		灌木植物	草本植物	攀援植物
亚热带常绿阔叶林区域	包括淮河、秦岭到北回归线(南岭)之间的广大亚热带地区,向西直到青藏高原边缘的山地	木豆、多花木蓝、紫穗槐、胡枝子、马棘、夹竹桃、火棘、车桑子、锦鸡儿、杜鹃、牡荆、欧李、紫薇、小叶女贞、珊瑚树、决明	香根草、百喜草(巴哈雀稗)、狗牙根、大翼豆、弯叶画眉草、沟叶结缕草、知风草、多年生黑麦草、高羊茅、白三叶、紫苜蓿、白灰毛豆、波斯菊、百脉根、草木犀、猪屎豆、乌毛蕨	羽叶金合欢、蛇藤、紫藤、常春油麻藤、南蛇藤、野蔷薇、多花蔷薇、扶芳藤、三叶地锦、五叶地锦、凌霄
热带雨林、季雨林区域	北回归线以南的云南、广东、广西、台湾四省区的南部,以及西藏东喜马拉雅南坡南缘山地和南海诸岛	木豆、光叶子花(宝巾)、多花木蓝、夹竹桃、紫薇、构棘、野牡丹、虾子花、桃金娘、朱槿、木芙蓉、悬铃花、山麻杆、红背山麻杆、朱缨花、双荚决明、金樱子、龙船花、露兜树、棕竹、散尾葵、石山棕、金竹、芸香竹	羽叶决明、猪屎豆、狗牙根、百喜草(巴哈雀稗)、香根草、假俭草、糖蜜草、类芦(假芦)、细叶结缕草、白灰毛豆、大翼豆、肾蕨、狗脊、翠云草、铺地黍、艳山姜、山姜、美人蕉、野蕉、柊叶、斑茅、四棱豆、乌毛蕨	三叶地锦、五叶地锦、白花银背藤(葛藤)、首冠藤、红叶藤、扶芳藤、使君子、常春油麻藤、红背羊蹄甲、龙须藤、山葡萄、蔓九节、络石、凌霄、忍冬(金银花)、麒麟叶、单叶省藤、藤竹草、羽叶金合欢
温带草原区域	该区域是欧亚草原区域的重要组成部分,连续分布在松辽平原、内蒙古高原和黄土高原的一部分,一小部分在新疆北部的阿尔泰山区	山杏、毛樱桃、筐柳、紫穗槐、中国沙棘、白刺、胡枝子、荆条、小叶锦鸡儿、黄杨、驼绒藜、细枝岩黄耆(花棒)、沙拐枣、沙冬青、毛黄栌、酸枣、狼牙刺、宁夏枸杞、枸杞、蒙古岩黄耆、叉子圆柏(砂地柏)、沙棘、柠条、金露梅、灌木铁线莲、蒙古扁桃、柄扁桃、蒙古莸	高羊茅、多年生黑麦草、冰草、无芒雀麦、草地早熟禾、燕麦、甘草、披碱草、狗尾草、赖草、羊草、老芒麦、草木樨、红豆草、白三叶、绣球小冠花、鸢尾、马蔺、黄花菜、费菜、波斯菊、大针茅、细裂叶莲蒿、赖草、羊草、山野豌豆、野苜蓿、斜茎黄芪(沙打旺)、二色补血草、白颖薹草	异叶蛇葡萄、三叶地锦、五叶地锦、山葡萄、葡萄、南蛇藤、扶芳藤

续表 4-13

自然植被区域	范围	植物类型		
		灌木植物	草本植物	攀援植物
温带荒漠区域	该区域是亚非荒漠区的东段,包括新疆的准格尔盆地和塔里木盆地、青海的准格尔盆地、甘肃和宁夏北部的阿拉善高原,以及内蒙古鄂尔多斯台地的西段	筐柳、枸杞、紫穗槐、中国沙棘、白刺、小叶锦鸡儿、中间锦鸡儿、柠条锦鸡儿、蒙古岩黄耆、细枝岩黄耆(花棒)、沙拐枣、沙冬青、霸王、欧李、盐穗木、盐爪爪、红柳、驼绒藜、木地肤、多枝柽柳、沙棘、乌柳、沙木蓼、膜果麻黄、合头草、红砂、叉子圆柏(砂地柏)、蒿叶猪毛菜、骆驼刺、黑沙蒿、梭梭	甘草、冰草、无芒雀麦、披碱草、针茅、芨芨草、锋芒草、骆驼刺、燕麦、斜茎黄耆(沙打旺)、沙蒿、草木樨、紫苜蓿、白三叶、啤酒花、驴食草(红豆草)、花花柴、河西菊、中亚紫菀木、阿尔泰狗娃花、赖草、羊草、沙蓬、西北针茅	三叶地锦
青藏高原高寒植被区域	本区域的范围与青藏高原的范围相吻合	驼绒藜、鬼箭锦鸡儿、沙棘、柠条、锦鸡儿、枸杞、霸王、白刺、叉子圆柏(砂地柏)、金露梅、紫穗槐、杜鹃、乌柳、坡柳、黄芦木、杯腺柳(高山柳)、高山绣线菊、金银忍冬、金花忍冬(黄花忍冬)、长白忍冬、蓝果忍冬、锦鸡儿、鲜卑花、全缘栒子、沙棘、高山矮蒿	老芒麦、紫花针茅、高山蒿、藏蒿草、青藏薹草、紫羊茅、冰草、高羊茅、赖草、羊草、无芒雀麦、羊茅、白草、星星草、草地早熟禾、垂穗披碱草、短芒披碱草、冷地早熟禾、中华羊茅、高原蒿草、草地早熟禾、披碱草、马先蒿、珠芽蓼、蕨麻、细裂亚菊、火绒草、青藏风毛菊、紫花碎米荠、甘青报春、钝裂银莲花、异燕麦、青海鹅观草、乳白香青、草玉梅、黄花棘豆	三叶地锦、五叶地锦、南蛇藤

注:本表引自《裸露坡面植被恢复技术规范》(GB/T 38360—2019)附录 D 中表 D.1。

3. 养护要点

根据《裸露坡面植被恢复技术规范》(GB/T 38360—2019),养护要点主要包括一般要求和养护技术要点两方面。

1）一般要求

植物种类及群落类型应达到设计要求,使坡面安全稳定;应根据八大水土流失类型区气候因素、坡面立地条件和建植植被等,选用适应的养护措施;应加强建植植被初期养护,保证植物正常生长。

2）养护技术要点

（1）光热调控。播种后应及时坡面遮盖,遮盖材料宜为生态环保可降解材料;以保湿为主的遮盖材料宜选用草帘、无纺布等,以遮阳、防冲刷为主的遮盖材料宜选用无纺布、遮阳网等,应定期观测植物发芽和生长情况,视情况及时揭除遮盖物,生态型环保可降解的遮盖材料,在不影响植物生长及周边环境的情况下可予以保留。

（2）水肥调控。宜在施工后 1~2 年内根据植物生长情况进行追肥;应根据土壤肥力和植被的需肥特点进行施肥,做到适时、适度、适量;应根据植物生长情况选择肥料种类,宜在植物生长旺季前施肥;应根据种植坡面的坡度和立地条件,选择适宜的灌溉方式,坡度较大的和土壤黏性较大的坡面宜采用滴灌和微灌;应根据当地的气候情况,观察坡面土壤墒情,及时补水,保证植被的正常生长;坡面灌溉时应避开日光暴晒及高温时段。

（3）种群调控。建植植被受杂草抑制时,应及时清除杂草及缠绕建植植物的攀援植物;应及时排查和处理坡面稳定性的植株,疏剪乔灌木弱枝和病枯枝,短截徒长枝,宜在植物休眠期通过修剪或平茬调控植株的地下与地上生长量;当坡面裸露较多或不满足设计要求时,应采用补栽（植）进行调配;补栽（植）宜在春节或秋季进行,补栽苗宜采用容器苗,栽植前宜去除包装。

（4）植物保护。应加强坡面植物保护,进行有害生物防控。

（5）其他措施。汛期前应排查和维护坡面防汛设施,确保坡面植被截排水设施正常运行,汛期中应巡查和清理坡面截排水设施,出现问题及时修缮;应做好坡面及周边区域保洁工作,及时清楚与建植植被无关的杂物;及时清理坡面区域内各种异常物和易燃物,消除火灾隐患。

常规绿化在山丘区架空输电线路工程水土流失综合治理的应用实例效果见表 4-14。

4.2.1.2　工程绿化技术

目前,山丘区架空输电线路工程已开展实地应用的工程绿化技术主要为植生袋及生态袋绿化护坡技术。可借鉴的工程绿化技术主要为客土喷播绿化、植被混凝土护坡绿化、生态型框绿化护坡、现浇网格生态护坡、蜂巢格室覆盖固土绿化等技术。实际应用过程中,工程绿化措施可与其他固土技术、工程护坡等措施结合使用。工程绿化的树草种配置及养护要点同常规绿化。山丘区架空输电线路工程还未在水土保持方案与后续设计中广泛应用工程绿化技术。

1. 植生袋绿化

植生袋绿化已在特高压输电线路工程山丘区塔基施工道路边坡治理开展应用,即将剥离的表土直接装入植生袋或用客土植生袋沿塔基坡面有序排列,形成生态护坡,采用植生袋护坡方式后,被应用的输变电工程山丘区塔基水土流失发生率由 45% 降低为 5%,植生袋绿化护坡推荐适用于坡度不超过 35° 的土质或土石质（砂砾土或砾石土）边坡。设计要点和施工组织可参考"设计手册"的生态袋绿化护坡。

输变电工程山丘区塔基植生袋示范实例效果见表 4-15。

表 4-14　常规绿化在山丘区架空输电线路工程水土流失综合治理的应用实例效果

塔基区治理前	塔基区多轮植草后植被覆盖度达标
塔基区治理前	塔基区多轮植草后植被覆盖度达标
塔基区治理前	塔基区多轮植草后植被覆盖度达标

表 4-15　输变电工程山丘区塔基植生袋示范实例效果

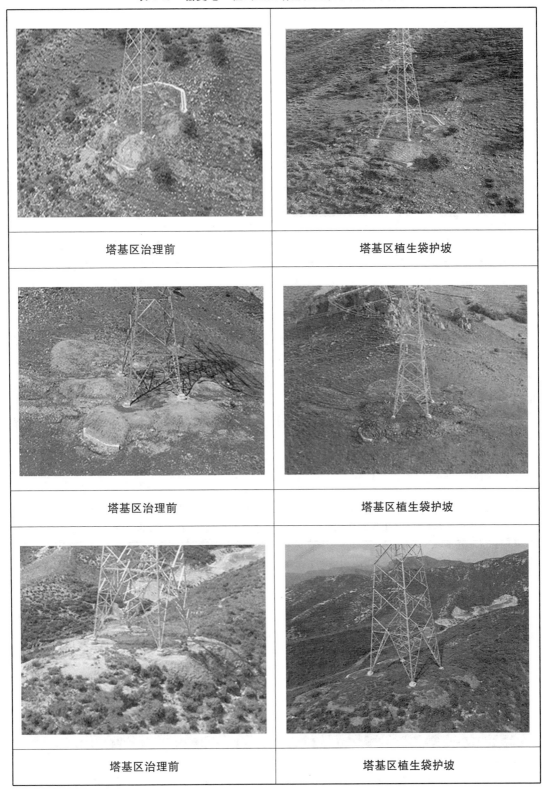

塔基区治理前	塔基区植生袋护坡
塔基区治理前	塔基区植生袋护坡
塔基区治理前	塔基区植生袋护坡

续表 4-15

施工道路区植生袋框格治理溜坡溜渣	施工道路区植生袋框格治理溜坡溜渣

2. 生态袋绿化护坡

生态袋绿化通过在坡面或坡脚以不同方式码放生态袋,起到拦挡防护、防止土壤侵蚀,同时恢复植被。该技术推荐适用于坡度不超过 35°的土质或土石质(砂砾土或砾石土)边坡。对于坡度较大的坡面,可以结合平面网或立体网固土技术,生态袋绿化是一种见效快且效果稳定的坡面植被恢复方式。设计要点和施工组织可参考"设计手册"的生态袋绿化护坡。

生态袋绿化护坡已在某输变电工程中开展应用,由设计单位开展了施工图设计。示范塔基坡度在 35°~45°,局部切坡较陡区域为 75°,因此塔基边坡采用了生态袋绿化+SNS 柔性防护网支护,生态袋填料选择适合植物生长的植生基质,植生基质掺入一定配比肥料,混播灌草。

山丘区架空输电线路工程塔基生态袋护坡示范实例效果见表 4-16。

表 4-16　山丘区架空输电线路工程塔基生态袋护坡示范实例效果

塔基区治理前	塔基区生态袋绿化+SNS 柔性防护网支护

3. 客土喷播绿化

客土喷播是利用液压流体原理将草(灌、乔木)种、肥料、黏合剂、土壤改良剂、保水剂、纤维物等与水按一定比例混合成喷浆,通过液压喷播机加压后喷射到边坡坡面,形成较稳定的护坡绿化结构。具有播种均匀、效率高、造价低、对环境无污染、有一定附着力等特点,是边坡绿化基本技术。通常依据边坡基面条件不同分为直喷和挂网喷播。客土喷播适用于年平均降雨量大于 600 mm、连续干旱时间小于 50 d 的地区,但在非高寒地区和养护条件好的地区可以不受降水限制,同时,对于坡面坡度及坡质有一定约束条件。设计要点和施工组织可参考设计手册的客土喷播绿化。

客土喷播多应用在水利枢纽、铁路及公路边坡等,由于客土喷播适用地区较为广泛,山丘区架空输电线路工程水土流失综合治理可根据降雨量等约束条件借鉴使用。

4. 植被混凝土护坡

植被混凝土护坡绿化技术是指采用特定的混凝土配方、种子配方和喷锚技术,对岩石及工程边坡进行防护的一种新型生态性工程绿化技术。植被混凝土生态护坡主要适用于各类无潜在地质隐患,坡度在 45°～80° 的各种硬质、高陡边坡,以及受水流冲刷较为严重坡体的浅层防护与植被恢复重建。设计要点和施工组织可参考"设计手册"的植被混凝土护坡。

由于植被混凝土护坡多用在矿山与采石场等的生态修复,山丘区架空输电线路工程水土流失综合治理可根据坡度及坡质等约束条件借鉴使用。

5. 植生毯绿化技术

植生毯绿化技术是利用工业化生产的防护毯结合灌草种子进行边坡防护和植被恢复的技术方式。主要适用于土质、土石质挖填边坡,边坡坡比为 1:4～1:1.5,坡长大于 20 m 时需进行分级处理。该技术施工简单易行,保墒效果好,后期植被恢复效果也好,水土流失防治效果明显。设计要点和施工组织可参考"设计手册"的植生毯绿化护坡。

山丘区架空输电线路工程水土流失综合治理可根据约束条件借鉴使用。

6. 生态型框绿化技术

生态型框绿化技术是在需治理的边坡上拼铺生态型框体,再于框体内铺设钢筋网,接着浇灌混凝土、抹平表面后剪开植生槽,在槽内填土种草的一种边坡保护技术。各框体由钢筋网连接形成一个整体,结构稳固,防护功能强,防止坡面雨水径流冲刷,保护边坡稳定,具有边坡保护、生态绿化双重效果。生态型框绿化技术适用于多类岩土地质情况,坡度不大于45°,坡比不大于 1:1,坡长不大于 10 m,对于坡长超过 10 m 需要分级处理。设计要点和施工组织可参考"设计手册"的生态型框绿化护坡。

山丘区架空输电线路工程水土流失综合治理可根据约束条件借鉴使用。

7. 现浇网格生态护坡

现浇网格生态护坡技术适用范围较广,适用于干旱半干旱恶劣气候条件地区。采用现浇网格生态护坡模板,在边坡上现场浇筑护坡网格,坡内加设锚杆,形成具有三维稳定结构,外观整齐一致的鱼鳞坑形立体网格护坡系统,并在网格内种植护坡植物,表面铺设抗冲刷基质材料,达到边坡稳固、水土保持、植被恢复目标。设计要点和施工组织可参考"设计手册"

的现浇网格生态护坡。

山丘区架空输电线路工程水土流失综合治理可结合立地条件借鉴使用。

8.蜂巢格室覆盖固土绿化

蜂巢格室覆盖固土绿化技术是将高强度蜂巢格室展铺、锚固在基础或坡面上,并向其中回填土、集料等填料,在基础上形成柔性保护层。蜂巢格室覆盖固土绿化技术适用于坡度不大于1:1的土质边坡、岩质边坡、土石混合边坡的防护,以及硬质护坡如混凝土坡、浆砌石护坡等的生态修复,广泛应用于道路边坡防护和绿化、河湖护坡、河湖硬质驳岸生态修复、排水沟或水渠修建、矿山边坡防护、生态停车场等领域。设计要点和施工组织可参考"设计手册"的蜂巢格室覆盖固土绿化。

山丘区架空输电线路工程水土流失综合治理可根据约束条件借鉴使用。

4.2.2　土地整治

土地整治技术主要包括表土剥离及堆存、扰动占压地表的平整及翻松、表土回覆、田面平整和犁耕、土地改良,以及必要的水系和水利设施恢复。山丘区架空输电线路工程已在水土保持方案与后续设计中广泛应用土地整治技术。

由于是对山丘区架空输变电工程产生的水土流失问题展开治理,所以适用于山丘区架空输电线路工程水土流失主要问题综合治理的土地整治技术主要为扰动占压地表的平整及翻松、田面平整和犁耕、土地改良。

不同利用方向的土地整治内容可参考表4-17。

表 4-17　不同利用方向的土地整治内容

利用方向		整治内容				
		坡度	平整	蓄水保土	改良	灌溉
耕地	平地坡地	不大于15°	场地清理,翻耕,边坡碾压	改变微地形,修筑田埂,增加地面植物覆盖,增加土壤入渗,提高土壤抗蚀性能	草田轮作、施肥、秸秆还田等	设置坡面小型蓄排工程
	台地梯田	不大于2‰	场地清理,翻耕,粗平整和细平整	修筑田坎,精细整平		利用机井或渠道灌溉

续表 4-17

利用方向		整治内容				
		坡度	平整	蓄水保土	改良	灌溉
草地	撒播	一般小于1:1	场地清理,粗平整和细平整	深松土壤增加入渗,选择根系发达,抓地力强的多年生草种	选豆科草种自身改良、施肥、补种	喷灌或采用滴灌
	喷播	一般不小于1:1	修正坡面浮渣土,凿毛坡面增加糙率	处理坡面排水、保留坡面残存植物	施肥、施保水剂	人工喷水浇灌或采用滴灌
	草皮	小于1:1时可自然铺种;不小于1:1时坡面需挖凹槽、植沟等进行特殊处理	翻松地表,将块石打碎,清理砾石、树根等垃圾,整平	深松土壤增加入渗,选择抓地力强的草种	施肥、补植或更新草皮	人工喷水浇灌或采用滴灌
林地	坡面	一般不大于35°	场地清理,翻松地表,一般采用块状整地和带状整地	采用块状整地如鱼鳞坑、反双坡或波浪状	施肥,与豆科草类混植	设置坡面小型蓄排工程
	平面		场地清理,翻松地表,一般采用全面整地和带状整地	深松增加入渗,林带与主风向垂直,减少风蚀;选择根系发达、蒸腾作用小、抗旱的树种		人工浇灌
草灌地		一般不大于1:1.5	翻松地表,粗平整和细平整	密植,草灌合理搭配混植,增加土壤入渗	选豆科草种自身改良	人工浇灌

注:本表引自《水土保持设计手册》(生产建设项目卷)。

粗平整之后细部仍不符合要求的应进行细平整,也就是田面平整,包括修坡、建造梯地和其他田面工程。恢复为林草地的,可采取机械或人工辅助机械对田面进行细平整,并视具体种植的林草种采取犁耕。恢复为耕地的,应采取机械或人工辅助机械对田面进行细平整、犁耕。全面整地耕深一般为 $0.2\sim0.3$ m。

土壤改良适用于土壤贫瘠、无覆土条件或表土覆盖层较薄、覆土土料贫瘠但又需要恢复为耕地或为了提高植被成活率及覆盖度的临时占地区域。土壤改良措施主要包括增肥改良、种植改良和粗骨土改良三种。

针对八大水土流失类型区,土地整治无显著差异,设计要点和施工组织可参考"设计手册"的土地整治设计。

4.2.3 截排水沟

截排水沟包括截水沟和排水沟,截水沟是指在坡面上修筑的拦截、疏导坡面径流,具有一定比降的沟槽工程;排水沟是指用于排除坡面、天然沟道或地面径流的沟槽。排水沟末端应与自然水系顺接,如附近无天然沟道的,可布设在较平缓区域,排水沟末端应设沉沙池、八字墙等消能散水措施。目前,山丘区架空输电线路工程已在水土保持方案与后续设计中广泛应用浆砌石或混凝土截排水沟技术。生态排水沟作为一种新型排水沟形式,可被山丘区架空输电线路工程借鉴,但抗蚀性差的土壤类型区不适用。同时,山丘区架空输电线路工程截排水沟施工图设计也应与现场地形地貌充分结合,有汇水面的塔基或施工道路应考虑设置截排水沟,排水沟端应与自然水系顺接,需设置消能散水措施的应布设消力池。

针对八大水土流失类型区,截排水沟技术无显著差异,差异点主要体现在截排水沟断面尺寸、形状等。设计要点和施工组织可参考"设计手册"的截排水沟设计。

4.2.4 防风固沙

山丘区架空输电线路工程防风固沙关键技术主要包括工程固沙、化学固沙和植物固沙措施。其中,工程固沙包括沙障、栅栏等,植物固沙包括防风固沙林和草。山丘区架空输电线路工程防风固沙技术通常以石方格沙障、草方格沙障、碎石压盖为主。已在北方风沙区等山丘区架空输电线路工程的水土保持方案与后续设计中广泛应用防风固沙技术。某输变电工程位于西北黄土高原区宁夏段部分施工道路,采用草方格作为施工道路路面的柔性介质,实现对径流的阻断,从而提高施工道路植被恢复效果。

防风固沙改良技术在山丘区架空输电线路工程水土流失综合治理防风固沙改良应用实例效果见表4-18。

表4-18　山丘区架空输电线路工程水土流失综合治理防风固沙改良应用实例效果

| 施工道路区治理前 | 施工道路区草方格治理溜坡溜渣 |

4.3　水土流失问题综合治理方案研究

4.3.1　不同水土流失类型区水土流失问题综合治理方案

山丘区架空输电线路工程水土流失问题主要包含以下五类,即

(1)塔基及施工道路区坡面存在溜坡溜渣;

(2)施工扰动区域植被覆盖度低;

(3)塔基及施工道路区坡面等局部存在冲沟;

(4)施工扰动区域临时苫盖不到位;

(5)塔基及施工道路区截排水沟设施不完善等。

前三类问题是山丘区架空输电线路工程的突出问题,溜坡溜渣及局部冲沟问题在清渣和平整扰动地表后,就等同于植被恢复问题,不论是哪一类问题的综合治理,治理方法一般都为多种技术结合。

根据八大水土流失类型区特点,针对山丘区架空输电线路工程水土流失问题治理开展了治理组合模式研究,提出了对应于八大水土流失类型区的综合治理方法和关键技术组合,见表4-19。

从表4-19可知,八大水土流失类型区中水土流失综合治理技术没有显著性差异,主要差异体现在植物措施中树草种的配置和关键技术的选择。

表 4-19 山丘区架空输电线路工程综合治理方案

水土流失类型区	水土流失问题	综合治理方法	关键技术
	溜坡溜渣	①清理渣体	①土地整治（设计及施工组织参考《生产建设项目水土保持技术标准》(GB 50433—2018)、水土保持设计手册（生产建设项目卷）及课题1,2等）
		②扰动占压地表的平整及翻松（粗平整不满足时再细平整）	
		③如采取植物措施，根据立地情况选择是否进行土壤改良	
		④选择适生的乡土树草种	②常规绿化（单轮或多轮植草、植灌草，设计及施工组织参考《生产建设项目水土保持技术规范》(GB/T 38360—2019)、水土保持设计手册（生产建设项目卷）及课题1,2等）
		⑤根据立地条件等选择常规绿化或工程绿化	③工程绿化（适宜的固土及建植技术选择，设计及施工组织参考《生产建设项目水土保持技术规范》(GB/T 38360—2019)、水土保持设计手册（生产建设项目卷）及课题1,2等）《裸露坡面植被恢复技术规范》(GB/T 38360—2019)
东北黑土区		⑥后期养护	④后期养护（参考《裸露坡面植被恢复技术规范》(GB/T 38360—2019)等）
	植被恢复	①扰动占压地表的平整及翻松（粗平整不满足时再细平整）	①土地整治（设计及施工组织参考《生产建设项目水土保持技术标准》(GB 50433—2018)、水土保持设计手册（生产建设项目卷）及课题1,2等）
		②如采取植物措施，根据立地情况选择是否进行土壤改良	

续表4-19

水土流失类型区	水土流失问题	综合治理方法	关键技术
东北黑土区	植被恢复	③选择适生的乡土树草种	②常规绿化（单轮或多轮植草、植灌草，设计及施工组织参考《裸露坡面植被恢复技术规范》(GB/T 38360—2019)、水土保持手册（生产建设项目卷）及课题1,2等）
		④根据立地条件等选择常规绿化或工程绿化	③工程绿化（适宜的固土及建植技术选择，设计及施工组织参考《裸露坡面植被恢复技术规范》(GB/T 38360—2019)、水土保持设计手册（生产建设项目卷）及课题1,2等）
		⑤后期养护	④后期养护（参考《裸露坡面植被恢复技术规范》(GB/T 38360—2019)等）
	临时苫盖	①梳理水土保持方案及施工图设计要求	①临时苫盖措施（设计及施工组织参考《生产建设项目水土保持技术标准》(GB 50433—2018)、水土保持设计手册（生产建设项目卷）及课题1,2等）
		②按图施工	
		③加强过程管控	
北方风沙区	溜坡溜渣	①清理渣体	①土地整治（设计及施工组织参考《生产建设项目水土保持技术标准》(GB 50433—2018)、水土保持设计手册（生产建设项目卷）及课题1,2等）
		②扰动占压地表的平整及翻松（粗平整不满足时再细平整）	
		③采取植物措施，根据立地情况选择是否进行土壤改良	

续表 4-19

水土流失类型区	水土流失问题	综合治理方法	关键技术
北方风沙区	溜坡溜渣	④选择适生的乡土树种，干旱地区还应考虑灌溉设施	②常规绿化（单轮或多轮植草，植灌草，设计及施工组织参考《裸露坡面植被恢复技术规范》(GB/T 38360—2019)、水土保持设计手册（生产建设项目卷）及课题1,2等）
		⑤依据立地条件等选择常规绿化或工程绿化	③工程绿化（适宜的固土及建植技术选择，设计及施工组织参考《裸露坡面植被恢复技术规范》(GB/T 38360—2019)、水土保持设计手册（生产建设项目卷）及课题1,2等）
		⑥无法恢复植被地区，可采用防风固沙措施+挡渣墙	④防风固沙措施（设计及施工组织参考《生产建设项目水土保持技术标准》(GB 50433—2018)、水土保持设计手册（生产建设项目卷）及课题1,2等） ⑤拦渣措施（设计及施工组织参考《生产建设项目水土保持技术标准》(GB 50433—2018)、水土保持设计手册（生产建设项目卷）及课题1,2等）
		⑦后期养护	⑥后期养护（参考《裸露坡面植被恢复技术规范》(GB/T 38360—2019)等）
	植被恢复	①扰动占压地表的平整及翻松（粗平整不满足时再细平整）	①土地整治（设计及施工组织参考《生产建设项目水土保持技术标准》(GB 50433—2018)、水土保持设计手册（生产建设项目卷）及课题1,2等）
		②采取植物措施，根据立地情况选择是否进行土壤改良	

续表 4-19

水土流失类型区	水土流失问题	综合治理方法	关键技术
北方风沙区	植被恢复	③选择适生的乡土树草种，干旱地区还应考虑灌溉设施	②常规绿化（单轮或多轮植草、植灌草，设计及施工组织参考《裸露坡面植被恢复技术规范》(GB/T 38360—2019)、水土保持设计手册（生产建设项目卷）及课题 1,2 等）
		④依据立地条件等选择常规绿化或工程绿化	③工程绿化（适宜的固土及建植技术选择，设计及施工组织参考《裸露坡面植被恢复技术规范》(GB/T 38360—2019)、水土保持设计手册（生产建设项目卷）及课题 1,2 等）
		⑤无法恢复植被地区，可采用防风固沙措施+挡渣墙	④防风固沙措施（设计及施工组织参考《生产建设项目水土保持技术标准》(GB 50433—2018)、水土保持设计手册（生产建设项目卷）及课题 1,2 等） ⑤拦渣措施（设计及施工组织参考《生产建设项目水土保持技术标准》(GB 50433—2018)、水土保持设计手册（生产建设项目卷）及课题 1,2 等）
		⑥后期养护	⑥后期养护（参考《裸露坡面植被恢复技术规范》(GB/T 38360—2019)等）
	局部冲沟	①平整冲沟	①土地整治（设计及施工组织参考《生产建设项目水土保持技术标准》(GB 50433—2018)、水土保持设计手册（生产建设项目卷）及课题 1,2 等）
		②扰动占压地表的平整及翻松（粗平整不满足时再细平整）	
		③采取植物措施，根据立地情况选择是否进行土壤改良	

续表 4-19

水土流失类型区	水土流失问题	综合治理方法	关键技术
		④选择适生的乡土树草种，干旱地区还应考虑灌溉设施	②常规绿化（单轮或多轮植树、植灌草，设计及施工组织参考《裸露坡面植被恢复技术规范》（GB/T 38360—2019）、水土保持设计手册（生产建设项目卷）及课题 1,2 等）
		⑤依据立地条件等选择常规绿化或工程绿化	③工程绿化（适宜的固土及建植技术选择，设计及施工组织参考《裸露坡面植被恢复技术规范》（GB/T 38360—2019）、水土保持设计手册（生产建设项目卷）及课题 1,2 等）
北方风沙区	局部冲沟	⑥无法恢复植被地区，可采用防风固沙措施＋挡渣墙	④防风固沙措施（设计及施工组织参考《生产建设项目水土保持技术规范》（GB 50433—2018）、水土保持设计手册（生产建设项目卷）及课题 1,2 等） ⑤拦渣措施（设计及施工组织参考《生产建设项目水土保持技术规范》（GB 50433—2018）、水土保持设计手册（生产建设项目卷）及课题 1,2 等）
		⑦后期养护	⑥后期养护（参考《裸露坡面植被恢复技术规范》（GB/T 38360—2019）等）
	临时苫盖	①梳理水土保持方案及施工图设计要求	①临时苫盖措施（设计及施工组织参考《生产建设项目水土保持技术规范》（GB 50433—2018）、水土保持设计手册（生产建设项目卷）及课题 1,2 等）
		②按图施工	
		③加强过程管控	

续表4-19

水土流失类型区	水土流失问题	综合治理方法	关键技术
北方土石山区	溜坡溜渣	①清理渣体 ②扰动占压地表的平整及翻松（粗平整不满足时再细平整） ③如采取植物措施，根据立地情况选择是否进行土壤改良 ④选择适生的乡土树草种 ⑤根据立地条件等选择常规绿化或工程绿化 ⑥后期养护	①土地整治（设计及施工组织参考《生产建设项目水土保持技术标准》(GB 50433—2018)、水土保持设计手册（生产建设项目卷）及课题1,2等） ②常规绿化（单轮或多轮植草、植灌草，参考水土保持设计手册（生产建设项目卷）及课题1等） ③工程绿化（适宜的固土及建植技术选择，参考《裸露坡面植被恢复技术规范》(GB/T 38360—2019)及课题1等） ④后期养护（参考《裸露坡面植被恢复技术规范》(GB/T 38360—2019)等）
	植被恢复	①扰动占压地表的平整及翻松（粗平整不满足时再细平整） ②如采取植物措施，根据立地情况选择是否进行土壤改良 ③选择适生的乡土树草种 ④根据立地条件等选择常规绿化或工程绿化	①土地整治（设计及施工组织参考《生产建设项目水土保持技术标准》(GB 50433—2018)、水土保持设计手册（生产建设项目卷）及课题1,2等） ②常规绿化（单轮或多轮植草、植灌草，设计及施工组织参考《裸露坡面植被恢复技术规范》(GB/T 38360—2019)、水土保持设计手册（生产建设项目卷）及课题1,2等） ③工程绿化（适宜的固土及建植技术选择，设计及施工组织参考《裸露坡面植被恢复技术规范》(GB/T 38360—2019)、水土保持设计手册（生产建设项目卷）及课题1,2等）

续表 4-19

水土流失类型区	水土流失问题	综合治理方法	关键技术
北方土石山区	植被恢复	⑤后期养护	④后期养护（参考《裸露坡面植被恢复技术规范》（GB/T 38360—2019）等）
		①平整冲沟	①土地整治（设计及施工组织参考《生产建设项目水土保持技术标准》（GB 50433—2018）、水土保持设计手册（生产建设项目卷）及课题1,2等）
		②扰动占压地表的平整及翻松（粗平整时细平整）	
		③如采取植物措施，根据立地情况选择是否进行土壤改良	
	局部冲沟	④选择适生的乡土树草种	②常规绿化（单轮或多轮植草、植灌草，设计及施工组织参考《裸露坡面植被恢复技术规范》（GB/T 38360—2019）、水土保持设计手册（生产建设项目卷）及课题1,2等）
		⑤根据立地条件等选择常规绿化或工程绿化	③工程绿化（适宜的固土及建植技术选择）（GB/T 38360—2019）、水土保持设计手册（生产建设项目卷）及课题1,2等）
		⑥后期养护	④后期养护（参考《裸露坡面植被恢复技术规范》（GB/T 38360—2019）等）
	临时苫盖	①梳理水土保持方案及施工图设计要求	①临时苫盖措施（设计及施工组织参考《生产建设项目水土保持技术标准》（GB 50433—2018）、水土保持设计手册（生产建设项目卷）及课题1,2等）
		②按图施工	
		③加强过程管控	

续表 4-19

水土流失类型区	水土流失问题	综合治理方法	关键技术
北方土石山区	截排水沟	①梳理水土保持方案	①截排水沟措施（需考虑坡面径流及塔基汇水的排导）（参考《生产建设项目水土保持技术标准》（GB 50433—2018）、水土保持设计手册（生产建设项目卷）等）
		②结合工扰动区域自然条件，完善水土保持后续设计	
	溜坡溜渣	①清理渣体	①土地整治（设计及施工组织参考《生产建设项目水土保持技术标准》（GB 50433—2018）、水土保持设计手册（生产建设项目卷）及课题 1、2 等）
		②扰动占压地表的平整及翻松（粗平整不满足时再进行细平整）	
		③如采取植物措施，根据立地情况选择是否进行土壤改良	②常规绿化（单轮或多轮植草，植灌草，设计及施工组织参考《裸露坡面植被恢复技术规范》（GB/T 38360—2019）、水土保持设计手册（生产建设项目卷）及课题 1、2 等）
		④选择适生的乡土树草种	③工程绿化（适宜的固土及建植技术选择，设计及施工组织参考《裸露坡面植被恢复技术规范》（GB/T 38360—2019）、水土保持设计手册（生产建设项目卷）及课题 1、2 等）
		⑤根据立地条件等选择常规绿化或工程绿化	④后期养护（参考《裸露坡面植被恢复技术规范》（GB/T 38360—2019）等）
		⑥后期养护	
西北黄土高原区	植被恢复	①扰动占压地表的平整及翻松（粗平整不满足时再进行细平整）	①土地整治（设计及施工组织参考《生产建设项目水土保持技术标准》（GB 50433—2018）、水土保持设计手册（生产建设项目卷）及课题 1、2 等）
		②如采取植物措施，根据立地情况选择是否进行土壤改良	

续表 4-19

水土流失类型区	水土流失问题	综合治理方法	关键技术
	植被恢复	③选择适生的乡土树草种	②常规绿化(单轮或多轮植草、植灌草,设计及施工组织参考《裸露坡面植被恢复技术规范》(GB/T 38360—2019)、水土保持设计手册(生产建设项目卷)及课题 1、2 等)
		④根据立地条件等选择常规绿化或工程绿化	③工程绿化(适宜的固土及建植技术选择,设计及施工组织参考《裸露坡面植被恢复技术规范》(GB/T 38360—2019)、水土保持设计手册(生产建设项目卷)及课题 1、2 等)
		⑤后期养护	④后期养护(参考《裸露坡面植被恢复技术规范》(GB/T 38360—2019)等)
西北黄土高原区	局部冲沟	①平整冲沟	①土地整治(设计及施工组织参考《生产建设项目水土保持技术标准》(GB 50433—2018)、水土保持设计手册(生产建设项目卷)及课题 1、2 等)
		②扰动占压地表的平整及翻松(粗平整不满足时再细平整)	
		③如采取植物措施,根据立地情况选择是否进行土壤改良	
		④选择适生的乡土树草种	②常规绿化(单轮或多轮植草、植灌草,设计及施工组织参考《裸露坡面植被恢复技术规范》(GB/T 38360—2019)、水土保持设计手册(生产建设项目卷)及课题 1、2 等)
		⑤根据立地条件等选择常规绿化或工程绿化	③工程绿化(适宜的固土及建植技术选择,设计及施工组织参考《裸露坡面植被恢复技术规范》(GB/T 38360—2019)、水土保持设计手册(生产建设项目卷)及课题 1、2 等)
		⑥后期养护	④后期养护(参考《裸露坡面植被恢复技术规范》(GB/T 38360—2019)等)

续表 4-19

水土流失类型区	水土流失问题	综合治理方法	关键技术
西北黄土高原区	临时苫盖	①梳理水土保持方案及施工图设计要求	①临时苫盖措施（设计及施工组织参考《生产建设项目水土保持技术标准》（GB 50433—2018）、水土保持设计手册（生产建设项目卷）及课题 1、2 等）
		②按图施工	
		③加强过程管控	
	截排水沟	①梳理水土保持方案	①截排水沟措施（要充分考虑坡面径流及塔基汇水的排导，设计及施工组织参考《生产建设项目水土保持技术标准》（GB 50433—2018）、水土保持设计手册（生产建设项目卷）及课题 1、2 等）
		②结合施工扰动区域自然条件，完善水土保持后续设计	
南方红壤区	溜坡溜渣	①清理渣体	①土地整治（设计及施工组织参考《生产建设项目水土保持技术标准》（GB 50433—2018）、水土保持设计手册（生产建设项目卷）及课题 1、2 等）
		②扰动占压地表的平整及翻松（粗平整不满足时再细平整）	②常规绿化（单轮或多轮植草，植灌草，设计及施工组织参考《裸露坡面植被恢复技术规范》（GB/T 38360—2019）、水土保持设计手册（生产建设项目卷）及课题 1、2 等）
		③如采取植物措施，根据立地情况选择是否进行土壤改良	③工程绿化（适宜的固土及建植技术选择，设计及施工组织参考《裸露坡面植被恢复技术规范》（GB/T 38360—2019）及课题 1、2 等）
		④选择适生的乡土树草种	
		⑤根据立地条件等选择常规绿化或工程化	④后期养护（参考《裸露坡面植被恢复技术规范》（GB/T 38360—2019）等）
		⑥后期养护	

山丘区架空输电线路工程水土流失综合治理关键技术研究

续表 4-19

水土流失类型区	水土流失问题	综合治理方法	关键技术
南方红壤区	植被恢复	①扰动占压地表的平整及翻松（粗平整不满足时再细平整） ②如采取植物措施，根据立地情况选择是否进行土壤改良 ③选择适生的乡土树草种 ④根据立地条件等选择常规绿化或工程绿化 ⑤后期养护	①土地整治（设计及施工组织参考《生产建设项目水土保持技术标准》(GB 50433—2018)、水土保持设计手册（生产建设项目卷）及课题1,2等） ②常规绿化（单轮或多轮植草，植灌草，设计、施工组织参考《裸露坡面植被恢复技术规范》(GB/T 38360—2019)、水土保持设计手册（生产建设项目卷）及课题1,2等） ③工程绿化（适宜的固土及建植技术选择，设计及施工参考《裸露坡面植被恢复技术规范》(GB/T 38360—2019)及课题1,2等） ④后期养护（参考《裸露坡面植被恢复技术规范》(GB/T 38360—2019)等）
	局部冲沟	①平整冲沟 ②扰动占压地表的平整及翻松（粗平整不满足时再细平整） ③如采取植物措施，根据立地情况选择是否进行土壤改良	①土地整治（设计及施工组织参考《生产建设项目水土保持技术标准》(GB 50433—2018)、水土保持设计手册（生产建设项目卷）及课题1,2等）

续表 4-19

水土流失类型区	水土流失问题	综合治理方法	关键技术
南方红壤区	局部冲沟	④选择适生的乡土树草种	②常规绿化（单轮或多轮植草、植灌草，设计及施工组织参考《裸露坡面植被恢复技术规范》（GB/T 38360—2019）、水土保持设计手册（生产建设项目卷）及课题 1,2 等）
		⑤根据立地条件等选择常规绿化或工程绿化	③工程绿化（适宜植的固土及建植技术选择，设计及施工组织参考《裸露坡面植被恢复技术规范》（GB/T 38360—2019）、水土保持设计手册（生产建设项目卷）及课题 1,2 等）
		⑥后期养护	④后期养护（参考《裸露坡面植被恢复技术规范》（GB/T 38360—2019）等）
	临时苫盖	①梳理水土保持方案及施工图设计要求	①临时苫盖措施（设计及施工组织参考《生产建设项目水土保持技术标准》（GB 50433—2018）、水土保持设计手册（生产建设项目卷）及课题 1,2 等）
		②按图施工	
		③加强过程管控	
	截排水沟	①梳理水土保持方案	①截排水沟措施（需考虑坡面径流及塔基汇水的排导，设计及施工组织参考《生产建设项目水土保持技术标准》（GB 50433—2018）、水土保持设计手册（生产建设项目卷）及课题 1,2 等）
		②结合施工扰动区域自然条件，完善水土保持后续设计	

续表 4-19

水土流失类型区	水土流失问题	综合治理方法	关键技术
西南紫色土区	溜坡溜渣	①清理渣体 ②扰动占压地表的平整及翻松（粗平整不满足时再细平整） ③如采取植物措施，根据立地情况选择是否进行土壤改良 ④选择适生的乡土树草种 ⑤根据立地条件等选择常规绿化或工程绿化 ⑥后期养护	①土地整治（设计及施工组织参考《生产建设项目水土保持技术标准》(GB 50433—2018)、水土保持设计手册（生产建设项目卷）及课题 1,2 等） ②常规绿化（单轮或多轮草，植灌草，设计及施工组织参考《裸露坡面植被恢复技术规范》(GB/T 38360—2019)、水土保持设计手册（生产建设项目卷）及课题 1,2 等） ③工程绿化（适宜的固土及建植技术选择，设计及施工组织参考《裸露坡面植被恢复技术规范》(GB/T 38360—2019)、水土保持设计手册（生产建设项目卷）及课题 1,2 等） ④后期养护（参考《裸露坡面植被恢复技术规范》(GB/T 38360—2019)等）
	植被恢复	①扰动占压地表的平整及翻松（粗平整不满足时再细平整） ②如采取植物措施，根据立地情况选择是否进行土壤改良 ③选择适生的乡土树草种 ④根据立地条件等选择常规绿化或工程绿化 ⑤后期养护	①土地整治（设计及施工组织参考《生产建设项目水土保持技术标准》(GB 50433—2018)、水土保持设计手册（生产建设项目卷）及课题 1,2 等） ②常规绿化（单轮或多轮草，植灌草，设计及施工组织参考《裸露坡面植被恢复技术规范》(GB/T 38360—2019)、水土保持设计手册（生产建设项目卷）及课题 1,2 等） ③工程绿化（适宜的固土及建植技术选择，设计及施工组织参考《裸露坡面植被恢复技术规范》(GB/T 38360—2019)、水土保持设计手册（生产建设项目卷）及课题 1,2 等） ④后期养护（参考《裸露坡面植被恢复技术规范》(GB/T 38360—2019)等）

续表 4-19

水土流失类型区	水土流失问题	综合治理方法	关键技术
西南紫色土区	局部冲沟	①平整冲沟 ②扰动占压地表的平整及翻松（粗平整不满足时再细平整） ③如采取植物措施，根据立地情况选择是否进行土壤改良	①土地整治（设计及施工组织参考《生产建设项目水土保持技术标准》（GB 50433—2018）、水土保持设计手册（生产建设项目卷）及课题 1,2 等）
		④选择适生的乡土树草种	②常规绿化（单轮或多轮植草、植灌草，设计及施工组织参考《裸露坡面植被恢复技术规范》（GB/T 38360—2019）、水土保持设计手册（生产建设项目卷）及课题 1,2 等）
		⑤根据立地条件等选择常规绿化或工程绿化	③工程绿化（适宜的固土及建植技术选择，设计及施工组织参考《裸露坡面植被恢复技术规范》（GB/T 38360—2019）、水土保持设计手册（生产建设项目卷）及课题 1,2 等）
		⑥后期养护	④后期养护（参考《裸露坡面植被恢复技术规范》（GB/T 38360—2019）等）
	临时苫盖	①梳理水土保持方案及施工图设计要求 ②按图施工 ③加强过程管控	①临时苫盖措施（设计及施工组织参考《生产建设项目水土保持技术标准》（GB 50433—2018）、水土保持设计手册（生产建设项目卷）及课题 1,2 等）
	截排水沟	①梳理水土保持方案 ②结合施工扰动区域自然条件，完善水土保持后续设计	①截排水沟措施（需考虑坡面径流及塔基汇水的排导，设计及施工组织参考《裸露坡面植被恢复技术规范》（GB/T 38360—2019）、水土保持设计手册（生产建设项目卷）及课题 1,2 等）

续表 4-19

水土流失类型区	水土流失问题	综合治理方法	关键技术
西南岩溶区	溜坡溜渣	①清理渣体 ②扰动占压地表的平整及翻松（粗平整不满足时再细平整） ③如采取植物措施，根据立地情况选择是否进行土壤改良	①土地整治（设计及施工组织参考《生产建设项目水土保持设计手册（生产建设项目卷）》、水土保持技术标准》（GB 50433—2018）及课题1,2等）
		④选择适生的乡土树草种 ⑤根据立地条件等选择常规绿化或工程绿化	②常规绿化（单轮或多轮植草、植灌草，设计及施工组织参考《裸露面植被恢复技术规范》（GB/T 38360—2019）、水土保持设计手册（生产建设项目卷）及课题1,2等） ③工程绿化（适宜的固土及建植技术选择，设计及施工组织参考《裸露坡面植被恢复技术规范》（GB/T 38360—2019）、水土保持设计手册（生产建设项目卷）及课题1,2等）
		⑥后期养护	④后期养护（参考《裸露坡面植被恢复技术规范》（GB/T 38360—2019）等）
	植被恢复	①扰动占压地表的平整及翻松（粗平整不满足时再细平整） ②如采取植物措施，根据立地情况选择是否进行土壤改良	①土地整治（设计及施工组织参考《生产建设项目水土保持设计手册（生产建设项目卷）》、水土保持技术标准》（GB 50433—2018）及课题1,2等）

续表 4-19

水土流失类型区	水土流失问题	综合治理方法	关键技术
西南岩溶区	植被恢复	③选择适生的乡土树草种	②常规绿化（单轮或多轮植草、植灌草，设计及施工组织参考《裸露坡面植被恢复技术规范》(GB/T 38360—2019)、水土保持设计手册(生产建设项目卷)及课题1,2等）
		④根据立地条件等选择常规绿化或工程绿化	③工程绿化（适宜的固土及建植技术选择，设计及施工组织参考《裸露坡面植被恢复技术规范》(GB/T 38360—2019)、水土保持设计手册(生产建设项目卷)及课题1,2等）
		⑤后期养护	④后期养护（参考《裸露坡面植被恢复技术规范》(GB/T 38360—2019)等）
	局部冲沟	①平整冲沟	①土地整治（设计及施工组织参考《生产建设项目水土保持技术标准》(GB 50433—2018)、水土保持设计手册(生产建设项目卷)及课题1,2等）
		②扰动占压地表的平整及翻松（粗平整不满足时再细平整）	②常规绿化（单轮或多轮植草、植灌草，设计及施工组织参考《裸露坡面植被恢复技术规范》(GB/T 38360—2019)、水土保持设计手册(生产建设项目卷)及课题1,2等）
		③如采取植物措施，根据立地情况选择是否进行土壤改良	③工程绿化（适宜的固土及建植技术选择，设计及施工组织参考《裸露坡面植被恢复技术规范》(GB/T 38360—2019)、水土保持设计手册(生产建设项目卷)及课题1,2等）
		④选择适生的乡土树草种	
		⑤根据立地条件等选择常规绿化或工程绿化	
		⑥后期养护	④后期养护（参考《裸露坡面植被恢复技术规范》(GB/T 38360—2019)等）

续表 4-19

水土流失类型区	水土流失问题	综合治理方法	关键技术
西南岩溶区	临时苫盖	①梳理水土保持方案及施工图设计要求 ②按图施工 ③加强过程管控	①临时苫盖措施（设计及施工组织参考《生产建设项目水土保持技术标准》(GB 50433—2018)、水土保持设计手册(生产建设项目卷)及课题1,2等）
	截排水沟	①梳理水土保持方案 ②结合施工扰动区域自然条件，完善水土保持后续设计	①截排水沟措施（需考虑坡面径流及塔基汇水的排导，设计及施工组织参考《生产建设项目水土保持技术标准》(GB 50433—2018)、水土保持设计手册(生产建设项目卷)及课题1,2等）
青藏高原区	溜坡溜渣	①清理渣体 ②扰动占压表地表的平整及翻松（粗平整及翻松时再细平整） ③如采取植物措施，根据立地情况选择是否进行土壤改良	①土地整治（设计及施工组织参考《生产建设项目水土保持技术标准》(GB 50433—2018)、水土保持设计手册(生产建设项目卷)及课题1,2等）

续表 4-19

水土流失类型区	水土流失问题	综合治理方法	关键技术
青藏高原区	溜坡溜渣	④选择适生的乡土树草种	②常规绿化(单轮或多轮植草、植灌草、植草皮,设计及施工组织,参考《裸露坡面植被恢复技术规范》(GB/T 38360—2019)、水土保持设计手册(生产建设项目卷)及课题1,2等)
		⑤根据立地条件等选择常规绿化或工程化绿化	③工程绿化(适宜的固土及建植技术选择,设计及施工组织参考《裸露坡面植被恢复技术规范》(GB/T 38360—2019)、水土保持设计手册(生产建设项目卷)及课题1,2等)
		⑥后期养护	④后期养护(参考《裸露坡面植被恢复技术规范》(GB/T 38360—2019)等)
	植被恢复	①扰动占压地表的平整及翻松(粗平整不满足时再细平整)	①土地整治(设计及施工组织参考《生产建设项目水土保持技术规范》(GB 50433—2018)、水土保持设计手册(生产建设项目卷)及课题1,2等)
		②如采取植物措施,根据立地情况选择是否进行土壤改良	
		③选择适生的乡土树草种	②常规绿化(单轮或多轮植草、植灌草、植草皮,设计及施工组织,参考《裸露坡面植被恢复技术规范》(GB/T 38360—2019)、水土保持设计手册(生产建设项目卷)及课题1,2等)
		④根据立地条件等选择常规绿化或工程化绿化	③工程绿化(适宜的固土及建植技术选择,设计及施工组织参考《裸露坡面植被恢复技术规范》(GB/T 38360—2019)、水土保持设计手册(生产建设项目卷)及课题1,2等)
		⑤后期养护	④后期养护(参考《裸露坡面植被恢复技术规范》(GB/T 38360—2019)等)

续表 4-19

水土流失类型区	水土流失问题	综合治理方法	关键技术
青藏高原区	局部冲沟	①平整冲沟	①土地整治（设计及施工组织参考《生产建设项目水土保持技术标准》(GB 50433—2018)、水土保持设计手册（生产建设项目卷）及课题1,2等）
		②扰动占压地表的平整及翻松（粗平整不满足时再细平整）	
		③如采取植物措施，根据立地情况选择是否进行土壤改良	
		④选择适生的乡土树草种	②常规绿化（单轮或多轮植草，植灌草，植草皮，设计施工组织参考水土保持设计手册（生产建设项目卷）及课题1,2等）
		⑤根据立地条件等选择常规绿化或工程绿化	③工程绿化（适宜的固土及建植技术选择，设计及施工组织参考《裸露坡面植被恢复技术规范》(GB/T 38360—2019)及课题1,2等）
		⑥后期养护	④后期养护（参考《裸露坡面植被恢复技术规范》(GB/T 38360—2019)等）
	临时苫盖	①梳理水土保持方案及施工图设计要求	①临时苫盖措施（设计及施工组织参考《生产建设项目水土保持技术标准》(GB 50433—2018)、水土保持设计手册（生产建设项目卷）及课题1,2等）
		②按图施工	
		③加强过程管控	
	截排水沟	①梳理水土保持方案	①截排水沟措施（需考虑坡面径流及塔基汇水的排导，设计及施工组织参考《生产建设项目水土保持技术标准》(GB 50433—2018)、水土保持设计手册（生产建设项目卷）课题1,2等）
		②结合施工扰动区域自然条件，完善水土保持后续设计	

4.3.2　生态袋绿化+SNS 柔性防护网支护施工方案示例

4.3.2.1　平面布置图(见图 4-1)

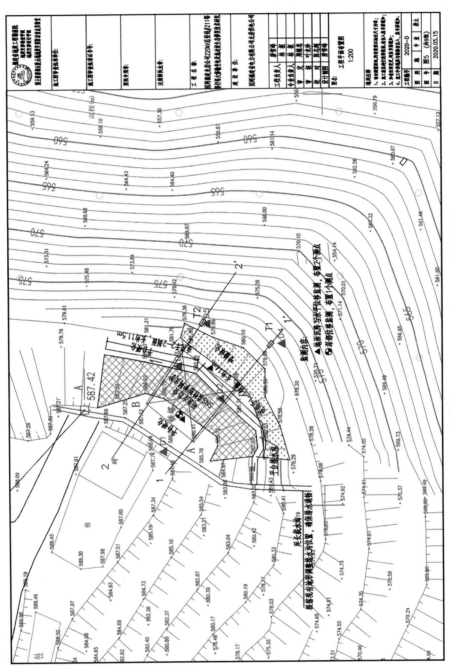

图 4-1　生态袋绿化+SNS 柔性防护网支护平面布置图

4.3.2.2 治理措施典型设计图（见图 4-2、图 4-3）

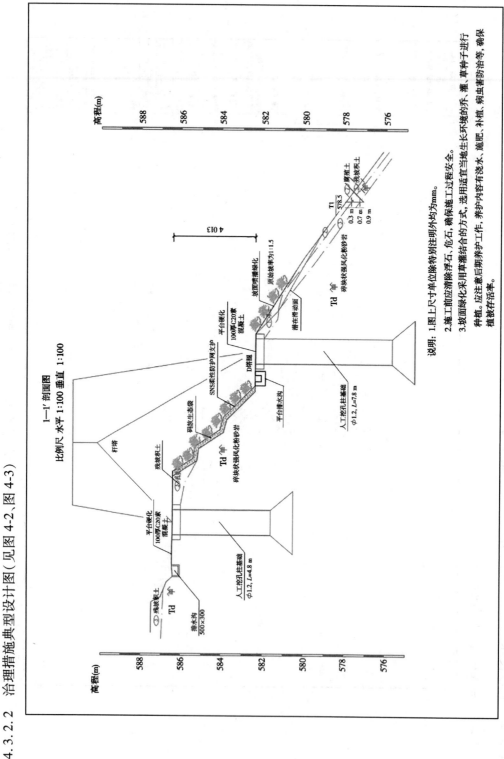

图 4-2 生态袋绿化+SNS 柔性防护网支护断面设计图（一）

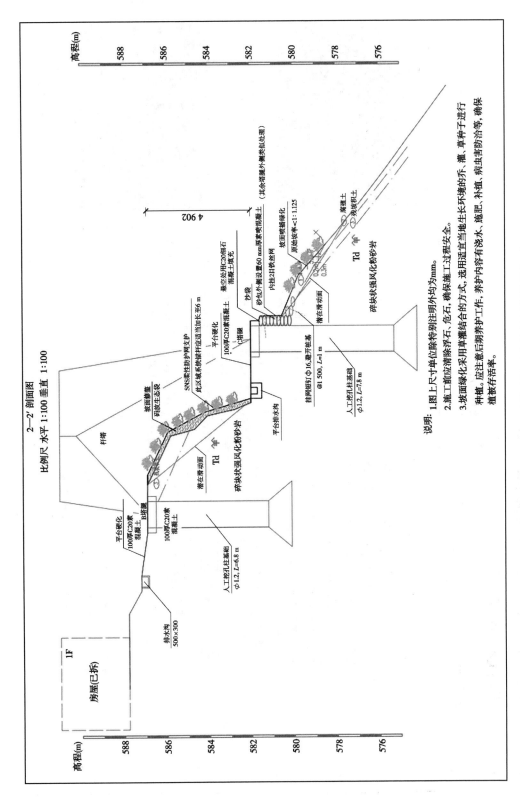

图 4-3　生态袋绿化+SNS 柔性防护网支护断面设计图(二)

4.3.3 水土流失综合治理主要关键技术施工工艺要求

4.3.3.1 土地整治工艺要求（见表4-20）

表4-20 土地整治工艺要求

项目/工艺名称	工艺流程及标准	施工要点	图片示例
土地整治	1. 技术标准 满足《土地整治工程质量检验与评定规程》（TDT 1041—2013）、《土地整治工程施工监理规范》（TD/T 1042—2013）、《土地复垦质量控制标准》（TD/T 1036—2013）、《水土保持工程设计规范》（GB 51018—2014）等相关标准的技术要求。 2. 工艺流程 主要包括：场地清理→平整、翻松→表土回覆（如有）→平整及犁耕→土地改良。 场地清理→平整、翻松→表土回覆→平整及犁耕 方向1：耕地恢复 方向2：恢复林草植被 →土地改良 3. 工艺标准 1）场地清理 对施工扰动范围内的零星枯树（根系）、杂草、垃圾、碎（块）石、废渣等有碍物利用机械结合人工彻底清除，确保施工场地地表平滑整洁。	（1）采用人工方式将板结的原状土翻松。未回翻松不少于两次，深度不小于20 cm，翻挖结束后用人工方式将翻挖的地面整平。 （2）在原状土翻松整平并检查合格后开始回覆表土，在此过程中安排人工进行巡回检查，发现有卵石、块石、树根等影响耕种的及时清除。表土摊平后采用人工方式再次翻松地表，使原状土和表土搅拌均匀为宜，搅拌后的混合土采用人工方式将地面整平。	 土地整治/耕地恢复（一般平整、翻松、复垦） 土地整治/耕地恢复（一般平整、翻松、复垦）

续表 4-20

项目/工艺名称	工艺流程及标准	施工要点	图片示例
土地整治	2）平整、翻松 平整：扰动后凹凸不平的地面可采用机械削凸填凹，进行粗整平。 翻松：扰动后地面相对平整或粗整平后的土地，应采用机械翻松（平地）或人工翻松（坡地）。 3）表土回覆（如有） 在原状土翻松整平并检查合格后开始摊铺表土植土。 4）平整及犁耕 表土回覆后用旋耕机（或人工）再次旋耕，旋耕次数以保证翻松的原状土和种植土搅拌均匀为宜，搅拌后的混合土采用平地机将地面整平。 5）土地改良 恢复为耕地的（即"恢复耕地"措施），应增施有机肥、复合肥或其他肥料。 恢复为林草地的，复合肥应优先选择具有根瘤菌或其他固氮菌的绿肥植物，工程管理范围内或绿化区可在田间细平整后增施有机肥、复合肥或其他肥料。	（1）采用人工方式将板结的原状土翻松，来回翻松不少于两次，深度不小于 20 cm，翻挖结束后用人工方式将地面整平。 （2）在原状土翻松整平并检查合格后开始回覆表土，在此过程中安排人工进行巡回检查，发现有卵石、块石、树根等影响耕种的及时清除。表土摊平后采用人工方式再次翻松地表，使原状土和表土搅拌均匀为宜，搅拌后的混合土采用人工方式将地面整平。	 土地整治/耕地恢复 （一般平整、翻松、复垦） 土地整治/耕地恢复 （一般平整、翻松、复垦）

续表4-20

项目/工艺名称	工艺流程及标准	施工要点	图片示例
土地整治（带状整地）	1. 技术标准 技术要求同上述"土地整治"。 2. 工艺流程 工艺流程同上述"土地整治"，仅在整地方式上有所区别，主要包括：场地清理→带状翻耕→表土回覆→平整及犁耕→土地改良。 场地清理→带状翻耕→表土回覆→平整及犁耕→土地改良 方向1:耕地恢复 方向2:恢复林草植被 3. 工艺标准 带状翻耕：呈长条状翻垦地表的土壤，并在整地带之间保留一定宽度的不垦带。	1. 山丘区（适用于撒播灌草籽粒进行绿化恢复的情况） **表一** **表二：** 2. 高原草甸区（适用于撒播灌草籽粒进行绿化恢复的情况）	带状整地 带状整地 带状整地

1. 山丘区（适用于撒播灌草籽粒进行绿化恢复的情况）

适用立地类型	形状	规格（m）		施工要点
土石山坡、黄土沟壑区坡地	水平沟	长	2.0~8.0	水平沟沿等高线排列，呈"品"字型，表层土置于上坡位，生土置于下坡位做埂
		上口宽	0.6~0.8	
		沟底宽	0.3~0.4	
		深	0.1~0.2	
黄土丘陵缓坡地带	反坡梯田	宽	2.5~3.0	沿等高线外生土做埂
		上下	6.0~12.0	

2. 高原草甸区（适用于撒播灌草籽粒进行绿化恢复的情况）

适用立地类型	形状	规格（m）		施工要点
平地草地	机械开沟	宽	0.4~1.2	带同距 1~2 m
		深	0.25~0.3	
		上下	6.0~12.0	

续表 4-20

项目/工艺名称	工艺流程及标准	施工要点	图片示例
土地整治（带状整地）	1. 技术标准 技术要求同上述"土地整治"。 2. 工艺流程 工艺流程同上述"土地整治"，仅在整地施工方式上有所区别，主要包括：场地清理→穴状翻耕→表土回覆→土地改良。 场地清理→穴状翻耕→表土回覆→平整及犁耕→土地改良 方向1：耕地恢复 方向2：恢复林草植被 3. 工艺标准 穴状翻耕：采用圆形或方形种植穴坑翻垦地表的土壤。	1. 山丘区（适用于植苗绿化的情况） （见下表）	穴状整地 穴状整地 鱼鳞坑整地

1. 山丘区（适用于植苗绿化的情况）

适用立地类型	形状	规格（m）		施工要点
低山丘陵区	穴状	直径	0.3~0.8	沿等高线排列，上下坑穴呈"品"字型。表土置于上坡位，生土置于下坡位做埂便
		深	0.5~1.0	
中山区	四边形	长	0.8~1.5	
		宽	0.5~1.0	
		深	0.4~0.6	
石质山地（土层贫瘠的阳坡）、黄土丘陵区沟壑坡面	半圆形（鱼鳞坑）	长径	0.8~1.5	鱼鳞坑埂高15~20 cm，埂顶宽10 cm，坑底顺应山坡修成15~20°坡度
		短径	0.5~1.0	
		深	0.4~0.8	

山丘区架空输电线路工程水土流失综合治理关键技术研究

4.3.3.2 浆砌石挡土墙、护坡工艺要求（见表 4-21）

表 4-21 浆砌石挡土墙、护坡工艺要求

项目/工艺名称	工艺流程及标准	施工要点
浆砌石挡土墙、护坡	1. 技术标准 应满足《砌体结构工程施工规范》（GB 50924—2014）、《砌体结构工程施工质量验收规范》（GB 50924—2014）等相关标准的技术要求。 2. 工艺流程 主要包括：测量放样→墙体基槽开挖→墙体砌筑→收顶→勾缝→墙背回填。 测量放样→墙体基槽开挖→墙体砌筑→收顶→勾缝→墙背回填 3. 工艺标准 （1）水泥：宜采用通用硅酸盐水泥，强度符合设计要求。 （2）细骨料宜采用中砂，含泥量≤5%。特殊地区可按该地区标准执行。 （3）块石：砌筑用块石尺寸一般不小于 250 mm，石料应坚硬，不易风化。 （4）宜采用饮用水或经检测合格的地表水、地下水、再生水拌和及养护，不得使用海水。 （5）上下层砌石应错缝砌筑，砌体外露面应整齐美观。 （6）排水孔、伸缩缝及砌缝水层的设置及位置数量应满足规范、设计要求。	（1）挡土墙或护坡应砌筑在稳固的地基上，基础埋深应满足设计要求。 （2）挡土墙或护坡砌筑前，底部浮土必须清除，石料上的泥垢必须清洗干净，砌筑时保持砌石表面湿润。 （3）采用坐浆法分层砌筑，铺浆厚度宜为 30～50 mm，用砂浆填满砌缝，不得无浆直接贴靠，砌缝内砂浆应采用扁铁插捣密实。 （4）砌体表面上的砌缝应预留约 40 mm 深的空隙，以备勾缝处理。 （5）勾缝前必须清缝，用水冲净并保持槽内湿润，砂浆应分次向缝内填塞密实。勾缝砂浆标号应高于砌体砂浆，应按实有砌缝勾平整。砌筑完毕后应保持砌体表面湿润并做好养护。

续表 4-21

项目/工艺名称	工艺流程及标准	施工要点
浆砌石排水沟	1. 技术标准 应满足《砌体结构工程施工规范》（GB 50924—2014）、《砌体结构工程施工质量验收规范》（GB 50924—2014）等相关标准的技术要求。 2. 工艺流程 主要包括：测量放样→沟槽开挖→沟身砌筑→勾缝→抹面。 测量放样 → 沟槽开挖 → 沟身砌筑 → 勾缝 → 抹面 3. 工艺标准 (1) 水泥。宜采用通用硅酸盐水泥，强度符合设计要求。 (2) 细骨料采用中砂，含泥量≤5%。特殊地区可按该地区标准执行。 (3) 块石。砌筑用块石尺寸一般不小于 250 mm，石料应坚硬，不易风化。 (4) 宜采用饮用水或检测合格的地表水、地下水，再生水拌和及养护，不得使用海水。 (5) 排水沟应设置在迎水侧。 (6) 排水沟应保证沟内壁平整，迎水侧沟沿略低于原状土并结合紧密。 (7) 按设计施工，坡度保证排水顺畅。	(1) 应根据现场实际地形确定排水沟走向和长度，一般沿基础的上山坡方向开挖。 (2) 排水沟断面应满足设计要求。 (3) 排水沟开挖成型后应清除浮土，底部夯实。 (4) 按施工图要求进行排水沟砌体和混凝土施工，保证排水沟牢固、美观

4.3.3.3 草方格工艺要求（见表4-22）

表4-22 草方格工艺要求

项目/工艺名称	工艺流程及标准	施工要点
草方格沙障	1. 技术标准 应满足《水土保持工程设计规范》（GB 51018—2014）等相关标准的技术要求。 2. 工艺流程 主要包括：基层清理→稻（柴）草制作→铺放稻（柴）草→插入稻（柴）草→固定根基。 基层清理 → 稻（柴）草制作 → 铺放稻（柴）草 → 插入稻（柴）草 → 固定根基 3. 工艺标准 1）基层清理 对设置沙障的地段按要求进行边坡整理，清除坡面松土、石屑等杂物。 2）稻（柴）草制作 用麦结草、稻草扎制草方格前需在材料上洒一些水，使之湿润，为的是提高材料的柔性，以免扎制时折断。扎制前将材料切制成设计要求长（一般为30 cm）的段，整齐堆放。 3）铺放稻（柴）草 沿草方格网线平铺稻草，将稻草垂直于已划好的直线上，扎制成网线要垂直"线"排放，并将稻草中心正好放在线上，铺设稻草厚度为应符合要求。	（1）草方格沙障的规格要根据地区风力大小而定，草方格的形式及规格应符合设计要求。实践证明，在地形起伏不大的沙面上1 m×1 m草方格最为合理，在风能较小的平坦沙地可以灵活地放大草方格规格；在迎风坡，因地形的倾斜，沿等高线的草带要加密。草方格的用草量要适当，草量过少影响其防沙效益，大多造成材料的浪费，也增加施工难度。 （2）沙障应从沙丘上部往下并按材料堆放远近顺序施工，以便于材料运送，并避免施工人员不慎踩踏铺设完好的沙障，按坡面面积准备足够施工材料。 （3）沙障防护必须符合相关技术标准、规范及图纸要求，外漏高度及顶部宽度等应符合要求，监理抽查合格后，再进行下一道工序的施工

续表 4-22

项目/工艺名称	工艺流程及标准	施工要点
草方格沙障	4) 插入稻(柴)草 用铁锹(钝切平头铁锹防止切断材料)在草中部用力将其对折压入沙层内 15 cm 左右(如稻草长 30 cm),草的两端露出沙面 15 cm,再把压入沙内的稻草两边沙堆沙扶直,再用脚将草带两侧的沙踩实,并用铁锹或刮沙板将草中间的沙用草带下刮一刮,使草方格提前形成碟形凹槽,有利于沙障内地面稳定。 5) 固定根基 稻草压入沙层后,两边堆沙扶直,形成一条垂直主害风方向的草障。使用工具用沙掩埋住草方格沙障的根基部,使之牢固	(1) 草方格沙障的规格要根据地区风力大小而定,草方格的形式及规格应符合设计要求。实践证明,在地形起伏不大的沙面上 1 m×1 m 草方格最为合理,在风能较小的平坦沙地可以灵活地放大草方格规格;在迎风坡,因地形的倾斜,沿等高线方向应带要加密。草方格的用草量要适当,草量过少影响其防沙效益,大多造成材料的浪费,也增加施工难度。 (2) 沙障应从沙丘上部往下并按材料堆放远近顺序施工,以便于材料运送,并避免施工人员踩踏铺设完好的沙障,按坡面面积准备足够施工材料。 (3) 沙障防护必须符合相关技术标准、规范及图纸要求,监理抽查合格后,再进行下一道工序的施工。沙障顶部宽度等应符合高度及顶部宽度等应符合要求

4.3.3.4 植物措施工艺要求（见表 4-23）

表 4-23　植物措施工艺要求

项目/工艺名称	工艺流程及标准	施工要点	图片示例
植草	1. 技术标准 满足《生产建设项目水土保持技术标准》(GB 50433—2018)、《水土保持工程设计规范》(GB 51018—2014)、《裸露坡面植被恢复技术规范》(GB/T 38360—2019) 等相关标准的技术要求。 2. 工艺流程 植草流程：草籽选择→场地施肥→播种→压土。 　草籽选择　场地施肥　播种　压土 3. 工艺标准 1) 草籽选择 草籽的选择应根据立地因子选择适宜草种或商业化草籽，不同区域的主要适宜草树种参见《裸露坡面植被恢复技术规范》(GB/T 38360—2019) 等。草籽用量可根据项目区的立地条件及草种特性选择，一般为 60~100 kg/hm²。 2) 场地施肥 对整地后的施工场地施肥，确保覆盖的表土层营养充足，可供草籽生长。 3) 播种 可采用条播、撒播、点播或育苗移栽均可。播种深度 2~4 cm。 4) 压土 施工场地播种完成后，覆土镇压可提高种草成活率	(1) 一年生草种宜春播；多年生草种春、夏、秋季均可，以雨季播种最好；寒地型草坪草播种时间是夏末和初夏，暖地型草坪草则在春末和初夏，播前可用 30 ℃ 水浸种 12~24 h，捞出后用 10% 的磷酸锌拌种。 (2) 土质坡面宜采取直接播种法；密实的土质坡面，宜采取坑植法；在风沙坡地，应先设沙障、固定流沙，再播种草籽。 (3) 播种深度一般在 2~4 cm 最佳，播种后需要压土，当年出芽率与成活率在 90% 以上。 (4) 在干草原区，应控制施工范围，保护原地貌，减少对草地及地表结皮的破坏，防止土地沙化。 (5) 甘肃、新疆、宁夏、青海等戈壁荒漠区域经立地条件分析后，不具备植物成活条件的可不考虑植物措施	草籽选择 播种 植被恢复

续表 4-23

项目/工艺名称	工艺流程及标准	施工要点	图片示例
植乔(灌)木	1. 技术标准 满足《生产建设项目水土保持技术标准》(GB 50433—2018)、《水土保持工程设计规范》(GB 51018—2014)、《裸露坡面植被恢复技术规范》(GB/T 38360—2019)等相关标准的技术要求。 2. 工艺流程 栽植乔(灌)木流程:苗木选择→挖树穴→栽植苗木→覆土踩实→浇水养护。 苗木选择 → 挖树穴 → 栽植苗木 → 覆土踩实 → 浇水养护 1)苗木选择 栽植乔灌木应根据立地因子选择适宜当地生态环境的乔灌木,不同区域的主要适宜草树种详见附件1。 2)挖树穴 乔灌木栽植的树穴应根据栽植苗木根部泥球大小,种植穴必须垂直下挖,上口下底相等,底部形状为中间高、两边低的反锅底形状。	(1)乔灌木选用适宜当地环境的苗木,应为一级苗,宜在当地苗圃购买,并要有"一签三证",即标签、生产经营许可证、合格证和检疫证。 (2)地势平坦的草原、草地、滩涂和无风蚀固定沙地,经土地整治后满足种草覆土要求的,应采取全面整地。生态脆弱区不宜采取全面整地。 (3)苗木采购、运输、栽植中要做到起苗不伤根,运苗不漏根(防止风吹日晒),清水催根(栽前放在清水中浸泡2~3d)。栽苗不窝根,分层填土踩实,要求幼苗成活率达到85%以上。 (4)在干旱草原区,应控制施工范围,保护原地貌,减少对草地表结皮的破坏,防止土地沙化。 (5)甘肃、新疆、宁夏、青海等壁荒漠区域经立地条件分析后,不具备植物措施活条件的可不考虑植物措施。	 挖树穴 栽植乔木

续表 4-23

项目/工艺名称	工艺流程及标准	施工要点	图片示例
植乔（灌）木	3) 栽植苗木 栽植乔灌木安排在春、秋两季，散苗后将苗木放在坑内，提苗到适宜深度，分层埋土压实。灌木苗木规格可选用幼苗，栽植株距、行距一般在（0.5～1) m×（0.5～1) m。乔木栽植可选用幼苗，栽植株距、行距多为（2～3) m×（2～3) m，或根据乔木种类确定初值密度。 4) 覆土踩实 乔灌木苗木栽植后，覆土踩实可提高乔灌木的成活率。 5) 浇水养护 乔灌木定植后必须连续浇灌三次水，新栽植的乔灌木当日浇灌第一次水，三日内浇灌第二次水，十日内浇灌第三次水浇足，浇透	（1）乔灌木选用适宜当地环境的苗木，应为一级苗，宜在当地苗圃购买，并要有"一签三证"，即标签、生产经营许可证、合格证和检疫证。 （2）地势平坦的草原、草地、滩涂和无风蚀固定沙地，经土地整治后满足种草覆土要求的，应采取全面整地。生态脆弱区不宜采取全面整地。 （3）苗木采购、运输中要做到起苗不伤根，运苗不漏根（栽前放在清水中浸泡 2～3 d）。栽苗不窝根，分层填土踩实，要求幼苗成活率达到 85% 以上。 （4）在干草原区，应控制施工范围，保护原地貌，减少对草地及地表结皮的破坏，防止土地沙化。 （5）甘肃、新疆、宁夏、青海等戈壁荒漠区域经立地条件分析后，不具备植物成活条件的可不考虑植物措施	栽植灌木 浇水养护

4.3.3.5　临时苫盖工艺要求（见表4-24）

表 4-24　临时苫盖工艺要求

项目/工艺名称	工艺流程及标准	施工要点	图片示例
临时苫盖措施	在综合治理期，为防止水土流失，减缓土壤水分蒸发，减少粉尘、风沙所带来的危害时所采取的临时措施。 1.工艺流程 主要包括苫盖→压实→拆除。 2.工艺标准 1）苫盖 根据苫盖材料不同，临时苫盖措施主要为彩条布（防尘网）苫盖等。 对于施工扰动区域采取彩条布（防尘网）苫盖措施。 2）压实 施工时应在苫盖材料四周和顶部放置石块、填土编织袋等重物进行镇压，以保持其稳定。 3）拆除 施工结束后进行拆除，清除镇压物体，回收苫布	山丘区综合治理期间，施工扰动区域应采取苫盖措施。 运行中要定期检查苫盖材料的破损情况，极端天气前后一定要检查其完整情况	 苫盖彩条布

4.4 本章小结

　　本章以全国水土保持规划(2015~2030年)中全国水土保持区划为依据,探讨了八大水土流失类型区特点,结合八大水土流失类型区及山丘区架空输电线路工程特点,分析了山丘区架空输电线路工程水土流失问题综合治理关键技术,综合治理关键技术主要包括植物措施、土地整治、截排水沟和防风固沙等。提出了对应立地条件的山丘区架空输电线路工程水土流失问题综合治理方案、关键技术的典型设计及施工工艺要求。

第 5 章

典型山丘区架空输电线路工程
水土流失综合治理技术应用研究

选取了 5 个输变电工程存在的水土流失问题开展了分析,制订了水土流失综合治理方案,开展了治理,并对水土流失综合治理效果开展了评价。

5.1　工程 1 水土流失综合治理应用

5.1.1　水土保持方案设计情况

水土保持方案设计情况如下。

5.1.1.1　塔基区
施工期采用表土剥离、临时拦挡、临时苫盖措施,施工结束后,平整土地,撒播草籽恢复植被。

5.1.1.2　牵张场区
施工期采用临时苫盖,施工结束后平整土地,撒播草籽恢复植被或恢复耕地。

5.1.1.3　跨越施工场地区
施工期采用临时苫盖,施工结束后平整土地,撒播草籽恢复植被或恢复耕地。

5.1.1.4　施工道路区
施工期采用临时苫盖,施工结束后进行土地整治,撒播草籽恢复植被。

5.1.2　水土保持典型问题分析

工程 1 经过西南紫色土区,容许土壤流失量为 500 $t/(km^2 \cdot a)$,侵蚀强度以轻度为主。根据水土保持监测单位背景值监测资料,监测点所在区域土壤侵蚀模数背景值约为 850 $t/(km^2 \cdot a)$。

工程 1 水土流失问题主要是塔基区植被恢复效果欠佳。植被恢复问题产生的主要原因是由于山丘区塔基在基础开挖前施工单位未严格按照水土保持方案设计要求剥离和保护表土,造成表土资源流失,后期恢复植被无表土可用;施工结束后,施工单位也未能按水土保持方案设计要求采取必要的土地整治措施,造成部分山丘区塔基植被恢复立地条件差,植被覆盖度低,植被恢复问题典型实例见表 5-1。

5.1.3　水土保持典型问题治理

5.1.3.1　塔基区现状
植被恢复效果欠佳,地表存在明显裸露,植被覆盖度低。

5.1.3.2　综合治理措施
因综合治理塔基坡度均不超过 45°,为土质或土石质坡面,采用的综合治理技术主要为土地整治及植物措施,土地整治即扰动占压地表的平整及翻松;植物措施主要为常规绿化,即多轮植草及铺草皮建植。

表 5-1　塔基区植被恢复问题典型实例

塔基区植被覆盖度低	塔基区植被覆盖度低
塔基区植被覆盖度低	塔基区植被覆盖度低
塔基区植被覆盖度低	塔基区植被覆盖度低

5.1.3.3　治理步骤

（1）扰动占压地表的平整及翻松；

（2）选取适宜的乡土树草种；

（3）多轮植草及铺草皮建植；

（4）加强后期养护。

5.1.3.4　治理后效果

选取的 11 基典型塔基，经治理后扰动区域平整，扰动区域平整，林草覆盖度达到西南紫色土区水土流失防治一级标准，水土流失面积减少 91.56%。

塔基区综合治理后效果见表 5-2。

表 5-2　塔基区综合治理效果

塔基区铺草皮建植治理效果	塔基区铺草皮建植治理效果
塔基区铺草皮建植治理效果	塔基区铺草皮建植治理效果

续表 5-2

塔基区铺草皮建植治理效果	塔基区铺草皮建植治理效果
塔基区铺草皮建植治理效果	塔基区铺草皮建植治理效果

5.2 工程 2 水土流失综合治理应用

5.2.1 水土保持方案设计情况

水土保持方案设计情况如下。

5.2.1.1 塔基区

施工前剥离表土,采取彩条布铺设保护表土层,采取彩条布苫盖和编织袋拦挡对堆置表土进行临时防护,塔基布设浆砌石护坡、排水沟和沉沙池。施工结束后裸露区域进行土地平整、回覆表土、播撒草籽或恢复耕地。

5.2.1.2　牵张场区及跨越施工场地区
施工期铺垫彩条布和铺设钢板进行临时防护。施工结束后采用乔灌草全面恢复植被。

5.2.1.3　施工道路区
对施工便道占压林地、园地表土进行剥离。施工期采取彩条布苫盖、编织袋装土拦挡对堆置表土进行临时防护,采用临时排水、沉沙池防治新建施工道路区水土流失。施工结束后采用乔灌草全面恢复植被。

5.2.2　水土保持典型问题分析

工程 2 经过南方红壤区,容许土壤流失量为 500 t/(km² · a),侵蚀强度以轻度为主。根据水土保持监测单位背景值监测资料,监测点所在区域土壤侵蚀模数背景值约为 870 t/(km² · a)。

工程 2 水土流失问题主要是塔基区植被恢复效果欠佳。植被恢复问题产生的主要原因是由于山丘区塔基在基础开挖前施工单位未严格按照水土保持方案设计要求剥离和保护表土,造成表土资源流失,后期无表土可恢复植被用;施工结束后,施工单位也未能按水土保持方案设计要求采取必要的土地整治措施,造成部分山丘区塔基植被恢复立地条件差,植被覆盖度低,植被恢复问题典型实例见表 5-3。

表 5-3　塔基区植被恢复问题典型实例

| 塔基区植被覆盖度低 | 塔基区植被覆盖度低 |

5.2.3　水土保持典型问题治理

5.2.3.1　塔基区现状
植被恢复效果欠佳,地表存在明显裸露,植被覆盖度低。

5.2.3.2　综合治理措施
因综合治理塔基坡度均不超过 35°,为土质或土石质坡面,采用的综合治理技术主要为土地整治及植物措施,土地整治即扰动占压地表的平整及翻松;植物措施主要为常规绿化,即多轮植草。

5.2.3.3 治理步骤

(1)扰动占压地表的平整及翻松;

(2)选取适宜的乡土树草种;

(3)多轮植草;

(4)加强后期养护。

5.2.3.4 治理后效果

选取的3基典型塔基,经治理后扰动区域平整,林草覆盖率达到南方红壤区水土流失防治一级标准,水土流失面积减少80.39%。

塔基区综合治理效果见表5-4。

表5-4 塔基区综合治理效果

| 塔基区多轮植草治理效果 | 塔基区多轮植草治理效果 |

5.3 工程3水土流失综合治理应用

5.3.1 工程治理前概况

选取了工程3山丘区的1基典型塔基作为治理对象。

示范塔基采用人工挖孔桩基础。西北侧两侧塔腿(A、B)位于坡顶,东南侧两处塔腿(C、D)位于边坡中下部平台。塔基挖方边坡高4~5 m,宽10~18 m,上窄下宽,坡度35°~45°,局部切坡较陡区域为75°。塔基填方边坡高1~2 m,斜长3~4 m,坡度35°~40°,边坡处于裸露状态,在降雨冲刷下,存在变形滑移的趋势。

工程3选取的典型塔基治理前影像见表5-5。

表 5-5　工程 3 选取的典型塔基治理前影像

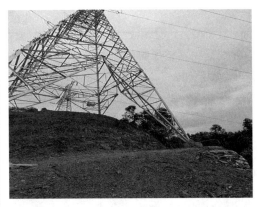

典型塔基治理前影像

5.3.2　水土保持典型问题分析

典型塔基经过南方红壤区,容许土壤流失量为 500 t/(km² · a),侵蚀强度以轻度为主。根据收集的背景值资料,塔基所在区域土壤侵蚀模数背景值约为 780 t/(km² · a)。

典型塔基水土流失问题主要是塔基区大面积裸露及边坡出现溜渣。水土流失问题产生的主要原因是由于塔基所在区域降雨量较大,土质松软,且边坡坡度较陡,塔基区立地条件差,从而引起塔基区边坡溜渣及大面积裸露,治理前影像见表 5-5。

5.3.3　水土保持典型问题治理

5.3.3.1　塔基区现状

大面积裸露,植被覆盖度低,边坡出现溜渣现象。

5.3.3.2　综合治理措施

需综合治理的塔基区坡度在 35°~45°,局部切坡较陡区域为 75°,属土石质坡面,采用的综合治理技术主要为土地整治及植物措施、边坡防护措施,土地整治主要为扰动占压地表的平整及翻松;植物措施主要为常规绿化和工程绿化,其中常规绿化为植草,工程绿化为生态袋绿化+边坡防护措施为 SNS 柔性防护网支护建植。

5.3.3.3　治理步骤

(1)扰动占压地表的平整及翻松;

(2)选取适宜的乡土树草种;

(3)植草+生态袋绿化+SNS 柔性防护网支护;

(4)加强后期养护。

5.3.3.4　治理后效果

选取的 1 基典型塔基,经治理后扰动区域平整,林草覆盖率达到南方红壤区水土流失防治一级标准,水土流失面积减少 93.56%。

塔基区综合治理效果见表 5-6。

表 5-6　塔基区综合治理效果

塔基区植草+生态袋绿化+SNS 柔性防护网支护治理效果

5.4　工程 4 水土流失综合治理应用

5.4.1　水土保持方案设计情况

水土保持方案山丘区设计情况如下。

5.4.1.1　塔基区

施工前设置彩条旗围护、严格限制施工机械和人员活动范围,剥离表土、集中堆放,临时堆土采取编织袋装土拦挡、彩条布铺垫及防尘网苫盖,塔基根据需要设置浆砌石护坡,并依山势设置环状排水沟、拦截周围山坡汇水面内的地表水,通过排水沟流向自然沟道,局部地段灌注桩塔基设泥浆沉淀池。施工结束后裸露区域碎石压盖,进行土地整治、回覆表土、播撒草籽恢复植被或恢复耕地。

5.4.1.2　牵张场区

施工前设置彩条旗围护、严格限制施工机械和人员活动范围。施工期铺设彩条布。施工结束后进行土地整治、种植灌木、撒播草籽恢复植被或恢复耕地。

5.4.1.3　跨越施工场地区

施工结束后进行土地整治、种植灌木、撒播草籽恢复植被或恢复耕地。

5.4.1.4　施工道路区

施工期设置临时排水沟,开挖土方夯实,施工结束后进行土地整治,种植灌木、撒播草籽恢复植被或恢复耕地。

山丘区线路工程水土保持措施体系及布局情况见图 5-1。

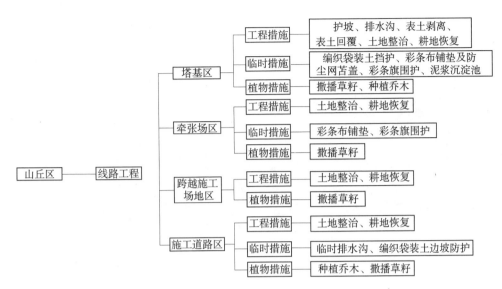

图 5-1　山丘区线路工程水土保持措施体系及布局情况

5.4.2　水土保持典型问题分析

工程 4 依次经过北方风沙区、北方土石山区、西南紫色土区、西北黄土高原区和南方红壤区,北方风沙区容许土壤流失量为 1 000~2 500 t/(km²·a),北方土石山区容许土壤流失量为 200 t/(km²·a),西南紫色山区容许土壤流失量为 500 t/(km²·a)、西北黄土高原区容许土壤流失量为 1 000 t/(km²·a),南方红壤区容许土壤流失量为 500 t/(km²·a)。项目区以水力侵蚀为主,兼有风力侵蚀。土壤侵蚀模数背景值为 430~2 500 t/(km²·a),侵蚀强度以中度及轻度为主。

工程 4 水土流失问题主要是塔基区溜坡溜渣、局部冲沟、植被恢复效果欠佳,施工道路区局部冲沟等。

5.4.2.1　溜坡溜渣

山丘区塔基水土保持方案中余方为就地平摊,但实际施工前,未严格按照水土保持方案设计要求剥离表土、集中堆放,余方未按设计要求平摊,施工过程中临时堆土未采取编织袋装土拦挡、彩条布铺垫及防尘网苫盖,导致部分山丘区的塔基区、施工道路区下边坡出现溜坡溜渣现象,坡度越陡越易发生,坡度越陡治理难度越大,治理措施越局限,塔基区溜坡溜渣问题典型实例见表 5-7。

5.4.2.2　局部冲沟

山丘区塔基在开挖过程中,地表土壤结构被破坏,土质松软,原坡面自然坡度被改变,施工结束后土地整治又不到位,塔基基础结合处填土未压实,地表裸露,植被覆盖度低,如降雨形成汇流,汇流无法有效引排,造成径流冲刷塔基坡面形成侵蚀沟。

施工道路多数未压实路面,也未用碎石覆盖路面,道路两侧多数未设置排水沟,降雨形成的汇流无法有效引排,造成径流集中冲刷施工道路路面或坡面,形成侵蚀沟,且侵蚀严重。

局部冲沟问题典型实例见表 5-8。

表 5-7　塔基区溜坡溜渣问题典型实例

北方风沙区塔基区溜坡溜渣	北方风沙区塔基区溜坡溜渣
北方土石山区塔基区溜坡溜渣	北方土石山区塔基区溜坡溜渣
西北黄土高原区塔基区溜坡溜渣	西北黄土高原区塔基区溜坡溜渣

表 5-8　局部冲沟问题典型实例

北方风沙区塔基区局部冲沟	北方风沙区塔基区局部冲沟

西北黄土高原区塔基区局部冲沟	西北黄土高原区塔基区局部冲沟

西北黄土高原区塔基区局部冲沟	西北黄土高原区塔基区局部冲沟

续表 5-8

西北黄土高原区施工道路局部冲沟	西北黄土高原区施工道路局部冲沟

5.4.2.3　植被恢复

山丘区塔基在基础开挖前未严格剥离和保护表土,表土资源流失,后期无表土可恢复植被用;施工过程中,土方随意倾倒占压原生植被或原生植被被直接砍伐;施工结束后,也未翻整被施工机械碾压的原地表,植被恢复问题典型实例见表5-9。

5.4.3　水土保持典型问题治理措施

5.4.3.1　溜坡溜渣治理

1. 塔基区现状

边坡存在溜渣。

2. 综合治理措施

塔基坡度在15°~35°,为土石质坡面,采用的综合治理技术主要为土地整治及植物措施,土地整治主要为扰动占压地表的平整及翻松;植物措施主要为常规绿化,即多轮植草和植灌草。

3. 治理步骤

(1)清理边坡渣体;

(2)扰动占压地表的平整及翻松;

(3)选取适宜的乡土树草种;

(4)多轮植草或植灌草;

(5)加强后期养护。

4. 治理后效果

选取的12基典型塔基,经治理后扰动区域无溜渣。无裸露区域,达到水土保持方案批复的水土流失防治目标值,水土流失面积减少90.14%。

工程4塔基区溜坡溜渣治理效果典型实例见表5-10。

表 5-9 植被恢复问题典型实例

| 西北黄土高原区塔基区植被覆盖度低 | 西北黄土高原区塔基区植被覆盖度低 |

西北黄土高原区塔基区植被覆盖度低　　　　西北黄土高原区塔基区植被覆盖度低

西北黄土高原区塔基区植被覆盖度低　　　　西北黄土高原区塔基区植被覆盖度低

续表 5-9

西北黄土高原区塔基区植被覆盖度低	西北黄土高原区塔基区植被覆盖度低

北方土石山区塔基区植被覆盖度低	北方土石山区塔基区植被覆盖度低

表 5-10　工程 4 塔基区溜坡溜渣治理效果典型实例

塔基区治理前	塔基区治理后植被覆盖度达标

续表 5-10

| 塔基区治理前 | 塔基区治理后植被覆盖度达标 |

| 塔基区治理前 | 塔基区治理后植被覆盖度达标 |

5.4.3.2　植被恢复治理

1. 塔基区现状

存在片状裸露区域。

2. 综合治理措施

塔基坡度在 15°~35°,为土石质坡面,采用的综合治理技术主要为土地整治及植物措施,土地整治主要为扰动占压地表的平整及翻松;植物措施主要为常规绿化,即多轮植草和植灌草。

3. 治理步骤

(1)扰动占压地表的平整及翻松;

(2)选取适宜的乡土树草种;

(3)多轮植草或植灌草;

(4)加强后期养护。

4. 治理后效果

选取的 12 基典型塔基,经治理后扰动区无裸露区域,达到水土保持方案批复的水土流失防治目标值,水土流失面积减少90.14%。塔基区植被恢复治理效果典型实例见表5-11。

表5-11 塔基区植被恢复治理效果典型实例

| 西南土石山区塔基区治理前 | 西南土石山区塔基区治理后无大面积裸露 |

| 西北黄土高原区塔基区治理前 | 西北黄土高原区塔基区治理后无大面积裸露 |

| 西北黄土高原区塔基区治理前 | 西北黄土高原区塔基区治理后无大面积裸露 |

续表 5-11

| 北方土石山区塔基区治理前 | 北方土石山区塔基区治理后无大面积裸露 |

5.4.3.3　局部冲沟治理

1. 塔基区局部冲沟治理

1) 塔基区现状

局部存在冲沟。

2) 综合治理措施

塔基坡度在 15°~35°,为土石质坡面,采用的综合治理技术主要为土地整治及植物措施,土地整治主要为扰动占压地表的平整及翻松;植物措施主要为常规绿化,即多轮植草和植灌草。

3) 治理步骤

(1) 回填塔基区冲沟并压实;

(2) 扰动占压地表的平整及翻松;

(3) 选取适宜的乡土树草种;

(4) 多轮植草或植灌草;

(5) 加强后期养护。

4) 治理后效果

选取的 12 基典型塔基,经治理后扰动区域平整,局部无冲沟,无裸露区域,达到水土保持方案批复的水土流失防治目标值,水土流失面积减少 90.14%。

塔基区局部冲沟治理效果典型实例见表 5-12。

2. 施工道路区局部冲沟治理

1) 施工道路区现状

素土路面,侵蚀沟严重。

2) 综合治理措施

施工道路路面为土质路面,采用的综合治理技术主要为土地整治及植物措施,土地整治主要为扰动占压地表的平整及翻松;植物措施主要为常规绿化中的多轮植草和工程绿化中的草方格建植。

表 5-12　塔基区局部冲沟治理效果典型实例

塔基区治理前	塔基区治理后无冲沟
	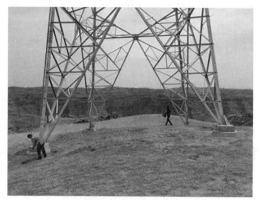
塔基区治理前	塔基区治理后无冲沟

塔基区治理前	塔基区治理后无冲沟

续表 5-12

塔基区治理前	塔基区治理后无冲沟

3)治理步骤

(1)回填侵蚀沟;

(2)扰动占压地表的平整及翻松;

(3)开槽埋设作物秸秆等柔性材料,形成草方格,阻断径流;

(4)草方格内多轮植草;

(5)加强后期养护。

4)治理后效果

选取的 1 条典型施工道路,经治理后扰动区域平整,无裸露区域,水土流失面积减少 90.14%。

施工道路区局部冲沟治理效果典型实例见表 5-13。

表 5-13　施工道路区局部冲沟治理效果典型实例

西北黄土高原区施工道路区回填冲沟	施工道路区柔性防护治理后无冲沟

5.5 工程5水土流失综合治理应用

5.5.1 水土保持方案设计情况

水土保持方案山丘区设计情况如下。

5.5.1.1 塔基区

施工前设置金属围栏限定施工场地范围、剥离表土或剥离草皮,施工期间修筑浆砌石护坡、挡渣墙、排水沟、临时堆土底部铺垫彩条布、堆土外侧设填土编织袋拦挡、堆土苦盖密目网,施工结束后回覆表土、草皮回植、对场地进行整治、恢复耕地或植被。

5.5.1.2 牵张场区

施工前设置金属围栏限定施工场地范围,施工期间在建筑材料底部铺垫彩条布、重型机械及部分道路区铺设棕垫,施工结束后对场地进行整治、恢复耕地或植被。

5.5.1.3 跨越施工场地

施工前设置彩旗绳围栏,施工结束后对场地进行整治、耕地恢复、恢复耕地或植被。

5.5.1.4 施工道路区

施工前在地形较平坦区域设置金属围栏限定施工场地范围,涉及开挖的区域剥离表层土装在编织袋内,临时堆放在道路开挖形成的边坡处,高原草甸区涉及开挖的区域剥离草皮临时养护在周边平坦区域;施工期间车辆碾压区域铺垫棕垫;施工结束后对场地进行整治、回覆表土、恢复耕地或植被。

高原山丘区线路工程水土保持措施体系及布局情况见图5-2。

一般山丘区线路工程水土保持措施体系及布局情况见图5-3。

5.5.2 水土保持典型问题分析

工程5经过青藏高原区、西南紫色土区、北方土石山区和南方红壤区。青藏高原区容许土壤流失量为1 000 t/(km² · a),西南紫色土区容许土壤流失量为500 t/(km² · a),北方土石山区容许土壤流失量为200 t/(km² · a),南方红壤区容许土壤流失量为500 t/(km² · a)。土壤侵蚀模数背景值为230~3 000 t/(km² · a),项目区以水力侵蚀为主,兼有风力侵蚀,侵蚀强度以中度及轻度为主。

工程5水土流失问题主要是塔基区溜坡溜渣、植被恢复效果欠佳等。

5.5.2.1 溜坡溜渣

山丘区塔基一塔一图中余方为就地平摊或余土外运,施工单位施工前未严格按照水土保持方案设计要求剥离表土、集中堆放,余方未按设计要求平摊或外运,施工过程中临时堆土未采取编织袋装土拦挡、彩条布铺垫及防尘网苦盖,山丘区的塔基区、施工道路下边坡出现溜坡溜渣现象,塔基区溜坡溜渣问题典型实例见表5-14。

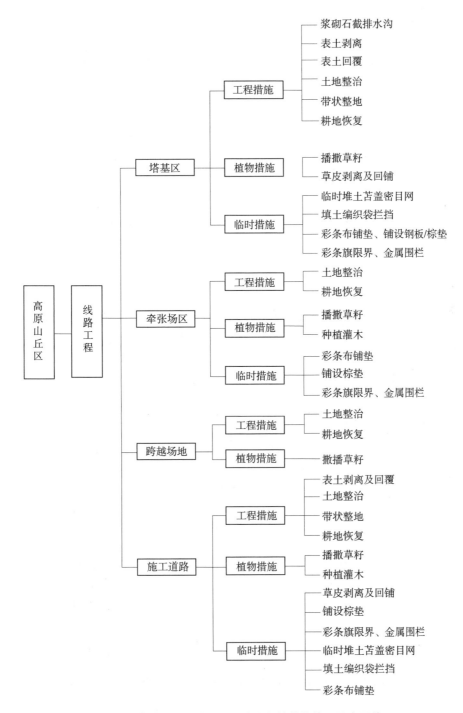

图 5-2　高原山丘区线路工程水土保持措施体系及布局情况

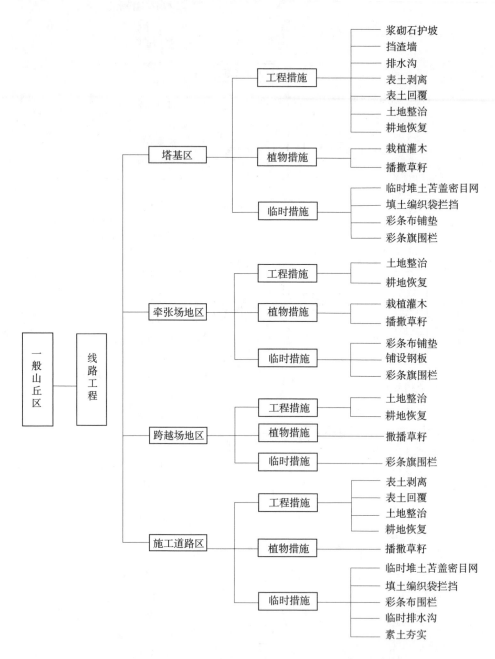

图 5-3　一般山丘区线路工程水土保持措施体系及布局情况

表 5-14　塔基区溜坡溜渣问题典型实例

北方土石山区塔基区溜坡溜渣	北方土石山区塔基区溜坡溜渣

5.5.2.2　植被恢复

山丘区塔基在基础开挖前未严格剥离和保护表土,表土资源流失,后期恢复植被无表土可用;施工过程中,土方随意倾倒占压原生植被或原生植被被直接砍伐;施工结束后,未翻整被施工机械碾压的原地表,植被恢复问题典型实例见表 5-15。

5.5.3　水土保持典型问题治理措施

5.5.3.1　溜坡溜渣治理

1. 塔基区现状

边坡存在溜渣。

2. 综合治理措施

塔基坡度在 15°~35°,为土石质坡面,采用的综合治理技术主要为土地整治及植物措施,土地整治主要为扰动占压地表的平整及翻松;植物措施主要为常规绿化,即多轮植草和植灌草,工程绿化为植生袋建植。

3. 治理步骤

(1)清理边坡渣体;

(2)扰动占压地表的平整及翻松;

(3)选取适宜的乡土树草种;

(4)多轮植草或植灌草;

(5)加强后期养护。

4. 治理后效果

选取的 11 基典型塔基,经治理后扰动区域无溜渣、无裸露区域,达到水土保持方案批复的水土流失防治目标值,水土流失面积减少 90.03%。溜坡溜渣治理效果典型实例见表 5-16。

表 5-15　植被恢复问题典型实例

西南紫色土区塔基区植被覆盖度低	西南紫色土区塔基区植被覆盖度低
西南紫色土区塔基区植被覆盖度低	西南紫色土区塔基区植被覆盖度低

表 5-16　溜坡溜渣治理效果典型实例

西南紫色土区塔基区治理前	西南紫色土区塔基区治理后无溜渣体

续表 5-16

| 西南紫色土区塔基区治理前 | 西南紫色土区塔基区治理后无溜渣体 |

| 北方土石山区塔基区治理前 | 北方土石山区塔基区治理后植被覆盖度达标 |

5.5.3.2　植被恢复治理

1. 塔基区现状

边坡存在片状裸露区域。

2. 综合治理措施

塔基坡度在 15°~35°,为土石质坡面,采用的综合治理技术主要为土地整治及植物措施,土地整治主要为扰动占压地表的平整及翻松;植物措施主要为常规绿化和工程绿化,其中常规绿化为多轮植草和植灌草,工程绿化为植生袋建植。

3. 治理步骤

(1)扰动占压地表的平整及翻松;

(2)选取适宜的乡土树草种;

(3)多轮植草或植灌草及植生袋建植;

(4)加强后期养护。

4. 治理后效果

选取的 11 基典型塔基,经治理后扰动区域无裸露,达到水土保持方案批复的水土流失防治目标值,水土流失面积减少90.03%。植被恢复治理效果典型实例见表5-17。

表 5-17　植被恢复治理效果典型实例

西南紫色土区塔基区治理前	塔基区治理后植被覆盖度达标
西南紫色土区塔基区治理前	塔基区治理后植被覆盖度达标
青藏高原区塔基区治理前	塔基区治理后植被覆盖度达标

青藏高原区塔基区治理前	塔基区治理后植被覆盖度达标

5.6　典型工程水土流失综合治理效果评价

选取了 5 个输变电工程山丘区存在水土流失问题的典型塔基开展了综合治理,综合治理效果评价见表 5-18,上述工程经水土流失综合治理后,治理效果良好,治理区域水土流失面积总体减少 90%。

表 5-18　水土流失综合治理效果评价

项目名称	治理区域水土流失面积/m²		水土流失面积减少/% (治理前水土流失面积−治理后水土流失面积)/治理前水土流失面积×100
	治理前	治理后	
工程 1	2 430	205	91.56
工程 2	719	189	80.39
工程 3	189	12	93.65
工程 4	14 286	1 409	90.14
工程 5	13 301	1 326	90.03
合计	30 925	3 093	90.00

参考生产建设项目水土流失防治指标(GB/T 50434—2018),5 个输变电工程所在水土流失类型区水土流失防治指标值见表 5-19,5 个输变电工程水土流失防治指标完成情况见表 5-20,5 个输变电工程均达到了项目所在水土流失类型区水土流失防治指标一级标准。

表 5-19 不同水土流失类型区设计水平年水土流失防治指标一级标准值

六项防治指标	北方风沙区	北方土石山区	西北黄土高原区	南方红壤区	西南紫色土区	青藏高原区
水土流失总治理度/%	85	95	93	98	97	85
土壤流失控制比	0.8	0.9	0.8	0.9	0.85	0.8
渣土防护率/%	87	97	92	97	92	87
表土保护率/%	*	95	90	92	92	90
林草植被恢复率/%	93	97	95	98	97	95
林草覆盖率/%	20	25	22	25	23	16

表 5-20　5 个输变电工程水土流失防治指标完成情况

项目名称	扰动面积/m²	治理面积/m²	可恢复植被面积/m²	植物措施面积/m²	水土流失总治理度/%	土壤流失控制比	渣土保护率/%	表土保护率/%	林草植被恢复率/%	林草覆盖率/%
工程 1	2 430	2 386	2 265	2 225	98.19	1.1	98	95	98.23	91.56
工程 2	719	705	589	578	98.05	1.0	98	95	98.13	80.39
工程 3	189	187	179	177	98.94	1.1	98	95	98.88	93.65
工程 4	14 286	14 126	13 142	12 877	98.88	1.0	98	95	97.98	90.14
工程 5	13 301	13 201	12 219	11 975	99.25	1.0	98	95	98.08	90.03

5.7　推广应用分析

选取的 5 个工程的山丘区典型塔基涵盖了西南紫色土区、南方红壤区、北方风沙区、西北黄土高原区、北方土石山区、青藏高原区六个水土流失类型区,5 个工程地域跨度大,沿线地貌类型、降水及土壤、植被等自然条件复杂,开展治理的典型塔基经治理后,效果显著,由此可见,本书总结归纳的水土流失综合治理技术在山丘区架空输电线路工程水土流失综合治理中具有应用推广前景。

目前,水土流失综合治理技术中适宜推广的成熟技术为常规绿化及土地整治等;但对于植被恢复立地条件差、常规治理技术无法短期内达到较好预期效果时,可以视下垫面情况,开展工程绿化、工程护坡或固土技术多元组合的治理模式。

近年来,部分输变电工程利用了植生袋及生态袋边坡建植,柔性边坡防护+生态袋建植技术开展了塔基区、施工道路区的坡面治理,治理效果良好。同时,在西北黄土高原地区的输变电工程中,对草方格技术进行了改良,利用草方格作为施工道路路面的柔性介质,来阻断径流,并在草方格内撒播草籽,从而高效恢复施工道路植被。上述治理措施也为后期推广应用起到了较好的借鉴作用。

综上所述,对于八大水土流失类型区典型水土流失问题的综合治理,目前,已经成熟的技术,适宜于大面积推广实施,同时,也应结合治理区域的立地条件及治理需求,选择已在其他工程开展过示范的植生袋及生态袋边坡建植,柔性边坡防护+生态袋建植技术等。

5.8　本章小结

本章选取了 5 个输变电线路工程的典型塔基区和施工道路区开展了水土流失问题分析,针对 5 个工程中塔基区和施工道路区的溜坡溜渣、植被恢复、局部冲沟等问题,结合其自然条件和线路水土流失特点,开展了水土流失综合治理,综合治理关键技术主要包括土地整治、常规绿化和工程绿化技术,其中常规绿化主要为多轮植草、植灌草及铺草皮建植,工程绿化主要为生态袋绿化+SNS 柔性防护网支护、植生袋建植。经综合治理后,上述工程治理效果良好,治理区域水土流失面积总体减少 90%,达到了工程所在水土流失类型区水土流失防治一级标准。

第 6 章

典型输电线路工程水土保持效果评价研究

6.1　项目及项目区概况

6.1.1　项目概况

　　某输电工程主要包括送端工程、受端工程、线路工程三部分,其中送端工程包括送端换流站和送端接地极极址;受端工程包括受端换流站和受端接地极极址。涉及 4 个省 11 个市(州)40 个县(市、区)。

　　土石方挖填总量为 419.36 万 m³,其中挖方 217.89 万 m³(含表土剥离 30.68 万 m³,表土剥离厚度 10~35 cm),填方 201.47 万 m³(含表土回覆 30.68 万 m³),借方 6.27 万 m³,余土 22.69 万 m³。借方全部外购获得,未设置取土场。余土全部综合利用,未设置弃渣场。

　　总占地面积 824.10 hm²,按占地性质划分,其中永久占地 149.87 hm²,临时占地 674.23 hm²;按占地类型划分,其中耕地 245.98 hm²,林地 145.59 hm²,园地 9.36 hm²,草地 392.48 hm²,交通运输用地 1.40 hm²,水域及水利设施用地 0.70 hm²,其他用地 28.60 hm²;按地貌类型划分,其中高原山丘区 171.79 hm²,高原平地区 142.24 hm²,高原荒漠区 24.94 hm²,一般山丘区 272.12 hm²,平原区 213.01 hm²。

6.1.2　项目区概况

6.1.2.1　自然条件

　　本项目沿线地貌类型主要为高原山丘区、高原平地区、高原荒漠区、一般山丘区、平原区。

　　送端换流站站址位于共和盆地中的黄河高阶地上,地貌单元单一,为滩地戈壁草原,站址区地形平坦,地势开阔,地面高程为 2 877.6~2 879.7 m。

　　送端接地极极址地处共和盆地东沿,海拔一般为 3 302~3 311 m,地貌成因类型为山前冲洪积平原。极址区域地形较为平缓,地形起伏不大,目前呈牧区草场景观,离省道较近,交通较为方便。

　　受端换流站站址区域属冲积平原地貌,地形平坦开阔,场地标高 45.3~45.7 m(1985 年国家高程基准)。站址区现为农田,种植小麦。

　　受端接地极极址区域地势平坦开阔,场地自然标高在 59.5~60.9 m(1985 国家高程基准),占地约为半径 600 m 的圆形区域,极址范围内地表主要为耕地。

　　线路工程从西向东经过高原山丘区、高原平地区、高原荒漠区、一般山丘区、平原区。

　　根据中国气候类型分布图,线路由西向东主要涉及温带草原气候类型、温带森林草原气候类型、北亚热带季风性落叶阔叶常绿阔叶林气候类型。

　　境内年内降水主要集中在 6~9 月,大风主要集中在 12 至次年 4 月。

　　本项目主要涉及柴达木内流区、黄河流域、长江流域、淮河流域。

　　本项目沿线以温带丛生禾草草原、高寒草甸、高山常绿阔叶落叶灌丛、常绿阔叶落叶混交林、针阔叶混交林、亚热带针阔混交林、含常绿阔叶树的针阔叶混交林、温带亚热带落叶阔叶林、温带落叶灌丛、一年两熟或两年三熟连作农作物植被、水旱一年两熟连作农作物植被为主。

本项目沿线以栗钙土、灰钙土、风沙土、高山草甸土、高原草甸土、黑土、灰钙土、紫色土、棕壤、黄棕壤、褐土、潮土、水稻土为主。

6.1.2.2 水土流失及防治情况

1. 水土流失现状

本项目经过青藏高原区、西南紫色土区、北方土石山区和南方红壤区。青藏高原区容许土壤流失量为 1 000 t/(km² · a),西南紫色土区容许土壤流失量为 500 t/(km² · a),北方土石山区容许土壤流失量为 200 t/(km² · a),南方红壤区容许土壤流失量为 500 t/(km² · a)。

项目区境内以水力侵蚀为主,仅高原荒漠区为风力侵蚀。侵蚀模数背景值为 3 000 ~ 230 t/(km² · a),侵蚀强度以轻度为主,仅高原荒漠区侵蚀强度为中度风蚀。

2. 水土保持现状

根据国务院批复的《全国水土保持规划(2015—2030 年)》(国函〔2015〕160 号),本项目线路工程沿线 40 个县(市、区)位于全国水土保持区划二级分区的柴达木盆地及昆仑山北麓高原区、若尔盖—江河源高原山地区、秦巴山山地区、豫西南山地丘陵区、华北平原区、大别山–桐柏山山地丘陵区。

换流站及接地极极址涉及 4 个县(市、区)位于全国水土保持区划三级分区的青海湖高原山地生态维护保土区、三江黄河源山地生态维护水源涵养区、淮北平原岗地农田防护保土区。

根据《水利部办公厅关于印发〈全国水土保持规划国家级水土流失重点预防区和重点治理区复核划分成果〉的通知》及沿途各省公告,本项目沿线涉及国家级水土流失重点预防区 4 个,国家级水土流失重点治理区 1 个。涉及省级水土流失重点预防区 3 个,省级水土流失重点治理区 5 个。

6.2 水土保持后续设计情况

6.2.1 初步设计阶段

本项目初步设计将已批复的水土保持方案中设计的水土保持措施纳入主体工程,编制了环保与水保专篇,内容包括各项水土保持措施的典型设计要求及施工完毕后场地的植被恢复要求。

6.2.2 施工图设计阶段

施工图设计阶段,设计单位根据批复的水土保持方案及本项目施工特点,编写了水土保持措施专项设计,专项设计将相关水土保持要求和实施措施进一步明确,对于塔基土地整治、植被恢复等做出了详细的要求,在塔基基础配置图中明确了处理措施,并列出了每一基塔位的主要水土保持措施工程量。施工图阶段的水土保持主要单位工程设计说明如下。

6.2.2.1 斜坡防护工程

根据线路实际地形地貌,护坡主要用于开挖后较陡坡体、弃土堆积而成的松散易垮塌的坡体的保护,避免土体自然的或受雨水作用后的垮塌、滑坡等水土流失现象,护坡以浆砌块石类型为主。

6.2.2.2 土地整治工程

土地整治在线路铁塔组立后进行,在施工结束后施工单位应及时清理杂物。土地整治的方法及要求:先将表土翻松,再进行细平工作,局部高差较大处,进行土方回填,尽量做到同时进行挖填。平整时应采取就近原则,开挖及回填时应保证表土回填前土块有足够的保水层,防止表土层底部为漏水层,并配合平整进行表层覆土。土地整治主要是人工局部整治,不使用推土机等大型机具。

6.2.2.3 防洪排导工程

线路工程截水沟一般布设在山区、丘陵区输电线路塔基处。输电线路塔基处截水沟一般布设在塔基上游来水汇集处,一般距离线路塔基2~3 m;排水沟一般布设在下游排水区域或作为截水沟的顺接工程,一般距离线路塔基2~3 m。截排水沟出口处可直接接入已有排水沟(渠)内,没有顺接条件的,需与天然沟道进行顺接,顺接部位应布设块石防护、喇叭口或修建消力池等消能顺接措施。

6.2.2.4 植被建设工程

线路工程大部分地形为山坡地,因此采用撒播草籽的方式进行迹地恢复。春秋两季播种均可,最好春季播种,播深3~4 cm,采用撒播,撒播后覆土1~2 cm,并轻微压实。种子级别为一级,发芽率不低于85%,种植密度为80 kg/hm^2。

6.2.2.5 临时防护工程

施工过程中要严格控制扰动范围,塔基区采取彩条旗限界及编织袋拦挡和苫盖等措施;牵张场区施工前设彩条旗限界等;施工道路两侧设彩条旗限界等措施。

6.2.2.6 防风固沙工程

在风积沙塔位,需要采取必要的防风固沙措施,如碎石压盖、草方格沙障等固沙措施,碎石压盖厚度一般为20 cm,粒径2~15 cm。防风固沙措施用于防止塔位基础施工对原状土扰动后表层土的流失。

6.3 水土保持实施情况

6.3.1 水土流失防治责任范围

根据工程征占地资料、施工资料和现场复核,本项目建设期发生的水土流失防治责任范围为824.10 hm^2,其中送端换流站44.80 hm^2、受端换流站42.13 hm^2、接地极极址29.62 hm^2、线路工程707.55 hm^2。

本项目建设期各防治分区的水土流失防治责任范围面积见表6-1。

表 6-1 水土流失防治责任范围面积

项目		实际项目建设区面积/hm²			实际防治责任范围面积/hm²
		永久占地	临时占地	合计	
送端换流站	站区	29.00	—	29.00	29.00
	进站道路区	0.19	—	0.19	0.19
	施工电源线路区	—	5.78	5.78	5.78
	施工生产生活区	—	9.83	9.83	9.83
	小计	29.19	15.61	44.80	44.80
受端换流站	站区	19.30	—	19.30	19.30
	进站道路区	1.16	—	1.16	1.16
	站用电源线路区	0.14	1.36	1.50	1.50
	施工生产生活区	—	10.28	10.28	10.28
	站外供排水管线区	—	3.62	3.62	3.62
	还建水渠	—	4.50	4.50	4.50
	还建道路	—	0.50	0.50	0.50
	施工电源线路	—	1.27	1.27	1.27
	小计	20.60	21.53	42.13	42.13
送端接地极工程	汇流装置区	0.06	3.30	3.36	3.36
	进极道路区	—	0.09	0.09	0.09
	电极电缆区	0.09	19.19	19.28	19.28
	小计	0.15	22.58	22.73	22.73

项目		实际项目建设区面积/hm²			实际防治责任范围面积/hm²
		永久占地	临时占地	合计	
受端接地极工程	汇流装置区	0.07	—	0.07	0.07
	进极道路区	0.75	—	0.75	0.75
	电极电缆区	—	6.07	6.07	6.07
	小计	0.82	6.07	6.89	6.89
送端接地极线路	塔基区	2.23	15.86	18.09	18.09
	牵张场地区	—	2.07	2.07	2.07
	跨越施工场地区	—	0.16	0.16	0.16
	施工道路区	—	22.63	22.63	22.63
	小计	2.23	40.72	42.95	42.95
受端接地极线路	塔基区	2.84	20.83	23.67	23.67
	牵张场地区	—	7.89	7.89	7.89
	跨越施工场地区	—	1.39	1.39	1.39
	施工道路区	—	7.68	7.68	7.68
	小计	2.84	37.79	40.63	40.63
线路工程 某省段 1	塔基区	13.06	36.64	49.70	49.70
	牵张场地区	—	11.40	11.40	11.40
	跨越施工场地区	—	0.36	0.36	0.36
	施工道路区	—	89.97	89.97	89.97
	小计	13.06	138.37	151.43	151.43

项目			实际项目建设区面积/hm²			实际防治责任范围面积/hm²
			永久占地	临时占地	合计	
线路工程	某省段2	塔基区	29.84	52.09	81.93	81.93
		牵张场地区	—	25.22	25.22	25.22
		跨越施工场地区	—	8.16	8.16	8.16
		施工道路区	—	34.05	34.05	34.05
		小计	29.84	119.52	149.36	149.36
	某省段3	塔基区	36.96	66.79	103.75	103.75
		牵张场地区	—	10.47	10.47	10.47
		跨越施工场地区	—	0.72	0.72	0.72
		施工道路区	—	22.58	22.58	22.58
		小计	36.96	100.56	137.52	137.52
	某省段4	塔基区	14.18	97.87	112.05	112.05
		牵张场地区	—	32.06	32.06	32.06
		跨越施工场地区	—	4.22	4.22	4.22
		施工道路区	—	37.33	37.33	37.33
		小计	14.18	171.48	185.66	185.66
合计			149.87	674.23	824.10	824.10

6.3.2 水土保持措施总体布局

6.3.2.1 实施的水土保持措施体系及总体布局

根据不同地貌类型、不同防治分区,本项目因地制宜采取了相应的水土保持措施,实施的水土保持措施布局情况如下。

1. 高原平地区

1）送端换流站

站区：施工前剥离表土，施工期间临时苫盖密目网、对施工场地进行洒水降尘、修筑站区雨水排水管及雨水收集池，施工结束后站前绿化区进行土地整治、绿化。

进站道路区：施工前剥离表土，施工期间修筑混凝土路基护坡、对施工场地进行洒水降尘，施工结束后道路两侧栽植灌木。

施工电源线路区：施工前剥离表土、设置金属围栏限定施工场地范围，施工期间在临时堆土底部铺垫彩条布、施工道路铺垫棕垫或钢板，施工结束后回覆表土、对场地进行整治、播撒草籽。

施工生产生活区：施工期间临时苫盖密目网、临时堆土周边设置填土编织袋拦挡措施、对施工场地进行洒水降尘，施工结束后对场地进行整治，回覆表土、播撒草籽。

2）送端接地极工程

汇流装置区：施工前剥离表土，表土及开挖土石方堆放于附近电极电缆区，并采取临时防护措施。施工结束后表土回覆于电极电缆区，永久占地未硬化区域采取碎石压盖措施，临时占地区域采取土地整治、撒播草籽。

进极道路区：施工前剥离表土，表土堆放于附近电极电缆区，并采取临时防护措施。施工结束后表土回覆于电极电缆区；临时占地区域采取土地整治、撒播草籽。

电极电缆区：施工前剥离表土并集中堆放，表土及开挖土方采取拦挡、苫盖及铺垫等临时防护措施。施工结束后进行土地整治，回覆表土，草皮回铺，并采取钢丝围栏限界防止牛羊扰动。

3）线路工程

塔基区：施工前设置金属围栏、彩条旗限界限定施工场地范围、位于高山草原的塔基区剥离表土、位于高山草甸的塔基区施工前剥离草皮，施工期间部分扰动区域铺设钢板或棕垫、临时堆土底部铺垫彩条布、堆土外侧设填土编织袋拦挡、堆土苫盖密目网、灌注桩基础设置泥浆沉淀池，施工结束后回覆表土、草皮回铺、对场地进行整治、恢复耕地、播撒草籽。

牵张场地区：施工前设置金属围栏、彩条旗限界限定施工场地范围，施工期间在建筑材料底部铺垫彩条布、部分材料堆放区底部铺设棕垫，施工结束后对场地进行整治、恢复耕地、播撒草籽。

跨越施工场地区：施工结束后对场地进行整治、播撒草籽。

施工道路区：施工前设置金属围栏、彩条旗界限限定施工场地范围，施工期间车辆碾压区域铺垫钢板或棕垫、设置临时排水沟，施工结束后对场地进行整治、恢复耕地、播撒草籽。

2. 高原荒漠区

塔基区：施工前设置金属围栏、彩条旗限界限定施工场地范围、临时堆土底部铺垫彩条布、堆土苫盖密目网，施工期间对 N033# 塔位修筑浆砌石护坡，施工结束后对场地进行整治、布设沙障、碎石压盖。

牵张场地区：施工前设置金属围栏限定施工场地范围，施工期间在建筑材料底部铺垫彩条布、部分材料堆放区底部铺设棕垫或钢板，施工结束后对场地进行整治。

施工道路区：施工结束后对场地进行整治。

3. 高原山丘区

塔基区：施工前设置金属围栏、彩条旗限界限定施工场地范围、位于高山草原的塔基区剥离表土、位于高山草甸的塔基区施工前剥离草皮，施工期间布设临时堆土底部铺垫彩条布、铺设钢板或棕垫、堆土外侧设填土编织袋拦挡、堆土苫盖密目网，施工结束后回覆表土、草皮回铺、对场地进行整治、恢复耕地、播撒草籽。

牵张场地区：施工前设置金属围栏、彩条旗限界限定施工场地范围，施工期间在建筑材料底部铺垫彩条布、部分材料堆放区底部铺设棕垫，施工结束后对场地进行整治、恢复耕地、播撒草籽。

跨越施工场地区：施工结束后对场地进行整治、恢复耕地、播撒草籽。

施工道路区：施工前在地形较平坦区域设置金属围栏、彩条旗限界限定施工场地范围，高原草原区涉及开挖的区域剥离表层土就近堆放在平坦区域，堆土底部铺垫彩条布，顶部苫盖密目网，堆土边坡及下坡侧设填土编织袋拦挡，高原草甸区涉及开挖的区域剥离草皮临时养护在周边平坦区域；施工期间车辆碾压区域铺垫棕垫；施工结束后对场地进行整治、回覆表土、播撒草籽、草皮回铺。

4. 一般山丘区

塔基区：施工前设置彩旗绳围栏限定施工场地范围、剥离表土，施工期间修建浆砌石护坡、挡渣墙、截排水沟、泥浆沉淀池、生态敏感区塔基临时堆土底部铺垫彩条布、堆土外侧设填土编织袋拦挡、堆土苫盖密目网，施工结束后对场地进行整治、回覆表土、恢复耕地、种植灌草恢复植被。

牵张场地区：施工前设置彩旗绳围栏限定施工场地范围，施工期间在建筑材料底部铺垫彩条布、部分材料堆放区底部铺设钢板，施工结束后对场地进行整治、恢复耕地、种植灌草恢复植被。

跨越施工场地区：施工前设置彩旗绳围栏限定施工场地范围，施工结束后对场地进行整治、恢复耕地、播撒草籽。

施工道路区：一般山丘施工便道区施工前对涉及开挖的区域剥离表层土就近堆放在平坦区域，生态敏感区堆土底部铺垫彩条布，顶部苫盖密目网，堆土边坡及下坡侧设填土编织袋拦挡；施工期间开挖临时排水沟、夯实道路边坡、铺设钢板，施工结束后对场地进行整治、恢复耕地、播撒草籽恢复植被。

一般山丘区人抬道路区施工前对涉及开挖的区域剥离表层土就近堆放在平坦区域，生态敏感区堆土底部铺垫彩条布，顶部苫盖密目网，堆土边坡及下坡侧设填土编织袋拦挡；施工结束后对场地进行整治、恢复耕地、播撒草籽恢复植被。

5. 平原区

1）受端换流站

站区：施工前剥离表土，集中堆放于换流站北侧，对临时苫盖密目网、临时堆土周边设置填土编织袋拦挡措施、周边开挖临时排水沟、排水沟出口处设临时沉沙池、敷设雨水排水管、配电装置区碎石地坪，施工结束后回覆表土，站区绿化区进行土地整治、绿化。

进站道路区：施工前剥离表土，对临时苫盖密目网、临时堆土周边设置填土编织袋拦挡措施，进站道路区设置钢板围堰，施工结束后回覆表土，道路两侧恢复耕地。

还建道路区：施工前剥离表土，表土运至换流站北侧，施工结束后表土回覆于施工生产生活区。

施工生产生活区：施工前剥离表土，集中堆放于换流站北侧，临时苫盖密目网，施工结束后回覆表土，对场地恢复耕地。

供排水管线区：施工前剥离表土，集中堆放于管线一侧施工场地内，施工期间临时苫盖密目网，敷设钢筋混凝土排水管、排水管末端设置八字式浆砌石出水口，施工结束后回覆表土，对场地恢复耕地。

还建水渠区：施工前剥离表土，集中堆放于水渠一侧施工场地内，施工期间临时苫盖密目网，施工结束后回覆表土，对水渠两侧场地恢复耕地。

施工电源线路区：施工期间临时苫盖密目网，施工结束后对场地恢复耕地。

2）受端接地极

汇流装置区：施工前剥离表土集中堆放，施工结束后回覆表土，恢复耕地。

进极道路区：施工前剥离表土集中堆放，施工结束后回覆表土，恢复耕地，道路两侧设置浆砌石排水沟。

电极电缆区：施工前剥离表土集中堆放，临时堆土采取编织袋装土拦挡、防尘网苫盖。施工结束后回覆表土，恢复耕地。

3）线路工程

塔基区：施工前设置彩旗绳围栏限定施工场地范围、剥离表土，施工期间灌注桩基础开挖泥浆沉淀池、临时苫盖密目网，施工结束后对场地进行整治、回覆表土、恢复耕地、播撒草籽。

牵张场地区：施工前设置彩旗绳围栏限定施工场地范围，铺设钢板，施工期间在建筑材料底部铺垫彩条布，施工结束后对场地进行整治、恢复耕地、播撒草籽。

跨越施工场地区：施工前在场地周围设置彩旗绳围栏，施工结束后对场地进行整治、恢复耕地、播撒草籽。

施工道路区：施工前设置彩旗绳围栏限定施工场地范围，铺设棕垫或钢板，施工结束后对场地进行整治、恢复耕地、播撒草籽。

6.3.2.2　实施的水土保持措施体系与水土保持方案对比分析

本项目实施的水土保持措施布局与水土保持方案设计的水土保持措施布局基本一致，局部有调整，水土保持措施调整情况及变化原因见表6-2。

表6-2 实施的水土保持措施体系与水土保持方案设计情况对比分析表

水土流失防治分区		方案设计的水土保持措施体系	实施的水土保持措施体系	变化情况
受端换流站	站区	雨水排水系统、表土剥离、雨水收集池、土地整治、站区绿化、防尘网苫盖、洒水降尘	雨水排水系统、表土剥离、雨水收集池、土地整治、站区绿化、防尘网苫盖、洒水降尘	与水土保持方案一致
	进站道路区	混凝土砌块护坡、土地整治、洒水降尘	混凝土砌块护坡、表土剥离、栽植白杨、洒水降尘	新增表土剥离及栽植白杨，与水土保持方案基本一致
	施工电源线路区	土地整治、表土剥离及回覆、撒播草籽、彩条布铺垫、金属围栏、铺垫棕垫	土地整治、表土剥离及回覆、撒播草籽、彩条布铺垫、金属围栏、铺垫棕垫	与水土保持方案一致
	施工生产生活区	土地整治、表土回覆、沙障、撒播草籽、防尘网苫盖及编织袋装表土拦挡、临时排水沟、临时沉沙池	土地整治、表土回覆、撒播草籽、防尘网苫盖及编织袋装表土拦挡、临时排水沟、临时沉沙池	取消了沙障，与水土保持方案基本一致
受端换流站	站区	雨水排水系统、碎石压盖、表土剥离、表土回覆、土地整治、栽植乔灌草、编织袋装表土拦挡、防尘网苫盖、临时排水沟、临时沉沙池	雨水排水系统、碎石压盖、表土剥离、表土回覆、土地整治、栽植乔灌草、编织袋装表土拦挡、防尘网苫盖、临时排水沟、临时沉沙池	与水土保持方案一致
	进站道路区	表土剥离、表土回覆、土地整治、恢复耕地、编织袋装表土拦挡、密目网苫盖、钢板围堰	表土剥离、表土回覆、土地整治、耕地恢复、编织袋装表土拦挡、密目网苫盖、钢板围堰	与水土保持方案一致
	施工生产生活区	表土剥离与回覆、临时苫盖密目网、填土编织袋拦挡、临时排水沟、临时沉沙池、恢复耕地	表土剥离与回覆、临时苫盖密目网、临时排水沟、临时沉沙池、恢复耕地	取消了填土编织袋拦挡，与水土保持方案基本一致

续表6-2

水土流失防治分区		方案设计的水土保持措施体系	实施的水土保持措施体系	变化情况
	站外供排水管线区	表土剥离与回覆、填土编织袋拦挡、堆土苫盖密目网、排水管、浆砌石出水口、恢复耕地	表土剥离与回覆、堆土苫盖密目网排水管、浆砌石出水口、恢复耕地	取消了填土编织袋拦挡,与水土保持方案基本一致
	站用电源线路区	表土剥离与回覆、填土编织袋拦挡、堆土苫盖密目网、恢复耕地	表土剥离与回覆、填土编织袋拦挡、堆土苫盖密目网、恢复耕地	与水土保持方案一致
受端换流站	还建道路区	表土剥离与回覆、填土编织袋拦挡、堆土苫盖密目网、恢复耕地	表土剥离与回覆、填土编织袋拦挡、堆土苫盖密目网、恢复耕地	与水土保持方案一致
	还建水渠区	表土剥离与回覆、填土编织袋拦挡、堆土苫盖密目网、恢复耕地	表土剥离与回覆、填土编织袋拦挡、堆土苫盖密目网、恢复耕地	与水土保持方案一致
	施工电源线路区	表土剥离与回覆、填土编织袋拦挡、堆土苫盖密目网、恢复耕地	表土剥离与回覆、填土编织袋拦挡、堆土苫盖密目网、恢复耕地	与水土保持方案一致
送端接地极	汇流装置区	表土剥离、土地整治	表土剥离、土地整治、碎石压盖、撒播草籽	新增碎石压盖及撒播草籽,与水土保持方案基本一致
	进极道路区	表土剥离	表土剥离、土地整治、撒播草籽	新增土地整治,碎石压盖及撒播草籽,与水土保持方案基本一致
	电极电缆区	编织袋装表土拦挡、撒播草籽、防尘网苫盖、彩条布铺垫、钢丝网围栏	编织袋装表土拦挡、堆土苫盖、防尘网苫盖、彩条布铺垫、钢丝网围栏	新增钢丝网围栏
受端接地极	汇流装置区	表土剥离及回覆、恢复耕地	表土剥离及回覆、土地整治、恢复耕地	与水土保持方案一致
	进极道路区	表土剥离及回覆、恢复耕地	表土剥离及回覆、恢复耕地、排水沟	新增进极道路两侧排水沟,与水土保持方案基本一致
	电极电缆区	表土剥离及回覆、耕地恢复、编织袋装土拦挡、防尘网苫盖	表土剥离及回覆、恢复耕地、编织袋装土拦挡、防尘网苫盖	与水土保持方案一致

续表6-2

水土流失防治分区		方案设计的水土保持措施体系	实施的水土保持措施体系	变化情况
线路工程	塔基区	挡水埝、浆砌石挡渣墙、浆砌石排水沟、沙障、表土剥离、带状整地、土地整治、恢复耕地、栽植灌木、撒播草籽、草皮剥离及回铺、彩条布铺垫、临时苫盖密目网、填土编织袋拦挡、金属围栏、彩条旗围栏、泥浆沉淀池	浆砌石护坡、碎石压盖、挡渣墙、浆砌石排水沟、沙障、表土剥离、带状整地、土地整治、恢复耕地、栽植灌木、撒播草籽、草皮剥离及回铺、临时苫盖回覆、彩条布铺垫、填土编织袋拦挡、金属围栏、铺设钢板或棕垫、泥浆沉淀池、彩条旗围栏	取消了挡水埝，新增碎石压盖，带状整地调整为全面土地整治，与水土保持方案基本一致
	牵张场地区	土地整治、耕地恢复、沙障、撒播草籽、彩条布铺垫、铺设钢板或棕垫、彩条旗围栏、金属围栏	土地整治、耕地恢复、撒播草籽、栽植灌木、彩条布铺垫、铺设钢板或棕垫、彩条旗围栏、金属围栏	取消了沙障，与水土保持方案基本一致
	跨越施工场地区	带状整地、土地整治、栽植灌木、撒播草籽、彩条旗绳围栏	土地整治、耕地恢复、撒播草籽、彩条旗围栏、金属围栏	取消了彩条旗围，栽植灌木，带状整地调整为全面土地整治，与水土保持方案基本一致
	施工道路区	表土剥离、表土回覆、带状整地、土地整治、恢复耕地、碎石压盖、撒播草籽、铺设钢板、草皮剥离及回铺、填土编织袋拦挡、金属围栏、临时苫盖密目网、临时排水沟、素土夯实、彩条布铺垫	表土剥离、表土回覆、土地整治、恢复耕地、撒播草籽、铺设钢板、彩条旗围栏、临时苫盖密目网、填土编织袋拦挡、金属围栏、素土夯实、临时排水沟	取消了碎石压盖，彩条布铺垫，与水土保持方案基本一致

6.3.3　水土保持设施完成情况

6.3.3.1　工程措施

主要包括雨水排水系统 27 701 m，碎石压盖 8 692.37 m³，沙障 194 535.80 m，护坡 5 211.60 m³，排水沟 2 118.45 m³，浆砌石出水口 45 m³，雨水收集池 1 座，土地整治 533.75 hm²，表土剥离 140.10 hm²，表土回覆 306 887 m³，耕地恢复 226.55 hm²。其中：

送端换流站工程：雨水排水系统 15 501 m，土地整治 15.63 hm²，表土剥离 29.25 hm²，表土回覆 43 828 m³，雨水收集池 1 座，混凝土砌块护坡 395 m²。

送端接地极极址：碎石压盖 101 m³，表土剥离 6.81 hm²，表土回覆 13 620 m³，土地整治 22.58 hm²。

受端换流站工程：混凝土排水管 12 200 m，浆砌石出水口 45 m³，碎石压盖 8 400 m³，土地整治 0.15 hm²，表土剥离 23.41 hm²，表土回覆 46 540 m³，耕地恢复 19.52 hm²。

受端接地极极址：表土剥离 2.34 hm²，表土回覆 5 391 m³，耕地恢复 4.10 hm²，排水沟 547.7 m³。

线路工程：挡渣墙 1 980.40 m³，护坡 4 816.60 m³，排水沟 1 570.75 m³，碎石压盖 191.37 m³，沙障 194 535.80 m，表土剥离 78.29 hm²，表土回覆 197 508 m³，土地整治 495.39 hm²，耕地恢复 202.93 hm²。

水土保持工程措施完成的工程量汇总见表 6-3。

表 6-3　水土保持工程措施完成的工程量汇总

防治分区		水土流失防治措施		实际工程量
		措施类型	单位	
送端换流站	站区	DN300 聚乙烯缠绕管	m	15 501
		DN600 聚乙烯缠绕管	m	
		DN350 钢筋混凝土管	m	
		DN1000 钢筋混凝土管	m	
		土地整治	m²	150.40
	进站道路区	表土剥离	hm²	29.00
		雨水收集池	座	1
	施工生产生活区	混凝土砌块护坡	m²	395
		表土剥离	hm²	0.19
	施工电源线路区	土地整治	hm²	9.83
		表土回覆	m³	43 700
		表土剥离	hm²	0.06

续表 6-3

防治分区		水土流失防治措施		实际工程量
		措施类型	单位	
送端换流站	施工电源线路区	表土回覆	m³	128
		土地整治	hm²	5.78
送端接地极	汇流装置区	表土剥离	hm²	0.15
		土地整治	hm²	3.30
		碎石压盖	m³	101
	进极道路区	表土剥离	hm²	0.09
		土地整治	hm²	0.09
	电极电缆区	表土剥离	hm²	6.57
		表土回覆	m³	13 620
		土地整治	hm²	19.19
受端换流站	站区	雨水排水管道	m	10 750
		土地整治	hm²	0.15
		碎石压盖	m³	8 400
		表土剥离	hm²	19.30
		表土回覆	m³	600
受端换流站	进站道路区	表土剥离	hm²	0.47
		表土回覆	m³	1410
		耕地恢复	hm²	0.47
	还建道路区	表土剥离	hm²	0.50
	施工生产生活区	表土回覆	m³	35 100
		耕地恢复	hm²	10.26
	站外供排水管线区	球墨铸铁管雨水管	m	1 450
		浆砌石出水口	m³	45
		表土剥离	hm²	1.00
		表土回覆	m³	3 000
		耕地恢复	hm²	3.53

续表 6-3

防治分区		水土流失防治措施		实际工程量
		措施类型	单位	
受端换流站	站用电源线路区	表土剥离	hm²	0.13
		表土回覆	m³	400
		耕地恢复	hm²	1.49
	还建水渠区	表土剥离	hm²	2.00
		表土回覆	m³	6 000
		耕地恢复	hm²	2.50
	施工电源线路区	表土剥离	hm²	0.01
		表土回覆	m³	30
		耕地恢复	hm²	1.27
受端接地极	汇流装置区	表土剥离	hm²	0.07
		表土回覆	m³	100
		耕地恢复	hm²	0.03
	进极道路区	表土剥离	hm²	0.75
		表土回覆	m³	2 251
		耕地恢复	hm²	0.40
		排水沟	m³	547.70
	电极电缆区	表土剥离	hm²	1.52
		表土回覆	m³	3 040
		耕地恢复	hm²	3.67
线路工程	塔基区	浆砌石挡渣墙	m³	1 980.40
		浆砌石护坡	m³	4 816.60
		浆砌石排水沟	m³	1 570.75
		碎石压盖	m³	191.37
		沙障	m	194 535.80
		表土剥离	hm²	54.36
		表土回覆	m³	150 098
		土地整治	hm²	263.97
		耕地恢复	hm²	118.47

续表6-3

防治分区		水土流失防治措施		实际工程量
		措施类型	单位	
线路工程	牵张场地区	土地整治	hm²	44.65
		耕地恢复	hm²	43.54
	跨越施工场地	土地整治	hm²	6.58
		耕地恢复	hm²	8.20
	施工道路区	表土剥离	hm²	23.93
		表土回覆	m³	47 410
		土地整治	hm²	180.19
		耕地恢复	hm²	32.72

6.3.3.2 植物措施

共完成水土保持植物措施507.10 hm²,其中站区绿化0.17 hm²;栽植灌木56 601株,草皮剥离及回铺6.89 hm²,撒播草籽500.04 hm²。其中:

送端换流站工程:站区绿化0.02 hm²,栽植乔木(白杨)80株;撒播草籽15.61 hm²。

受端换流站工程:站区绿化0.15 hm²。

送端接地极极址:撒播草籽22.58 hm²。

线路工程:栽植灌木56 521株,草皮剥离及回铺6.89 hm²,撒播草籽461.85 hm²。

水土保持植物措施完成的工程量汇总见表6-4。

表6-4 水土保持植物措施完成的工程量汇总

防治分区		水土流失防治措施		实际工程量
		措施类型	单位	
送端换流站	站区	绿化	hm²	0.02
	进站道路区	栽植白杨	株	80
	施工生产生活区	撒播草籽	hm²	9.83
	施工电源线路区	撒播草籽	hm²	5.78
送端接地极	汇流装置区	撒播草籽	hm²	3.30
	进极道路区	撒播草籽	hm²	0.09
	电极电缆区	撒播草籽	hm²	19.19

续表 6-4

防治分区		水土流失防治措施		实际工程量
		措施类型	单位	
受端换流站	站区	绿化	hm²	0.15
线路工程	塔基区	撒播草籽	hm²	245.05
		草皮剥离及回铺	hm²	6.786 2
		栽植灌木	株	52 391
	牵张场地区	撒播草籽	hm²	42.900 6
		栽植灌木	株	2 796
	跨越施工场地	撒播草籽	hm²	6.6
	施工道路区	撒播草籽	hm²	167.299 5
		草皮剥离及回铺	hm²	0.1
		栽植灌木	株	1 334

6.3.3.3　临时措施

完成的水土保持临时措施包括密目网苫盖 612 857 m²,洒水降尘 1 130 台时,堆土编织袋拦挡 132 045 m³,彩条布铺垫 347 351 m²,彩条旗围栏 491 487 m,金属围栏 578 492 m,铺垫棕垫或钢板 1 337 867 m²,泥浆沉淀池 739 个,临时排水沟 959 m,素土夯实 83 m³。其中:

送端换流站工程:密目网苫盖 12 100 m²,洒水降尘 1 130 台时,堆土编织袋拦挡 360 m³,彩条布铺垫 2 780 m²,金属围栏 37 680 m,铺垫棕垫 30 000 m²。

送端接地极极址:密目网苫盖 30 434 m²,彩条布铺垫 18 728 m²,钢丝网围栏 21 000 m,填土编织袋拦挡 3 588 m³。

受端换流站工程:密目网苫盖 148 800 m²,编织袋装土拦挡 1 278 m³,临时沉沙池 3 座,临时排水沟 3 145 m,钢板围堰 100 m。

受端接地极极址:填土编织袋拦挡 1 900 m³,密目网苫盖 41 882 m²。

线路工程:填土编织袋拦挡 124 919 m³,密目网苫盖 421 523 m²,彩条布铺垫 328 353 m²,铺设棕垫或钢板 1 307 867 m²,彩条旗围栏 491 487 m,金属围栏 540 812 m,泥浆沉淀池 739 个,临时排水沟 959 m,素土夯实 83 m³。

水土保持临时措施完成的工程量汇总见表 6-5。

表 6-5 水土保持临时措施完成的工程量汇总

防治分区		水土流失防治措施		实际工程量
		措施类型	单位	
送端换流站	站区	临时苫盖密目网	m²	2 500
		洒水降尘	台时	700
	进站道路区	洒水降尘	台时	30
	施工生产生活区	临时苫盖密目网	m²	9 600
		堆土编织袋拦挡	m³	360
		洒水降尘	台时	400
	施工电源线路区	彩条布铺垫	m²	2 780
		金属围栏	m	37 680
		铺设棕垫或钢板	m²	30 000
送端接地极	电极电缆区	临时苫盖密目网	m²	30 434
		彩条布铺垫	m²	18 728
		钢丝网围栏	m	21 000
		填土编织袋拦挡	m³	3 588
受端换流站	站区	临时苫盖密目网	m²	80 932
		堆土编织袋拦挡	m³	457
		开挖临时排水沟	m³	1 245
		砖质沉沙池(4.5 m³)	座	2
	进站道路区	临时苫盖密目网	m²	5 600
		钢板围堰	m	100
		堆土编织袋拦挡	m³	821
	施工生产生活区	临时苫盖密目网	m²	44 380
		开挖临时排水沟	m³	1 900
		砖质沉沙池(4.5 m³)	座	1
	站外供排水管线区	临时苫盖密目网	m²	8 718
	站用电源线路区	临时苫盖密目网	m²	2 209
	还建水渠区	临时苫盖密目网	m²	3 450
	施工电源线路区	临时苫盖密目网	m²	3 511
受端接地极	电极电缆区	临时苫盖密目网	m²	41 882
		堆土编织袋拦挡	m³	1 900

续表 6-5

防治分区		水土流失防治措施		实际工程量
		措施类型	单位	
线路工程	塔基区	临时苫盖密目网	m²	361 494
		彩条布铺垫	m²	202 667
		填土编织袋拦挡	m³	119 260
		彩条旗限界	m	211 094
		金属围栏	m	113 836
		铺设棕垫或钢板	m²	76 200
		泥浆沉淀池	处	739
	牵张场地区	彩条布铺垫	m²	78 765
		铺设棕垫或钢板	m²	79 860
		彩条旗限界	m	55 128
		金属围栏	m	13 512
	跨越施工场地	彩旗绳围栏	m	1 215
	施工道路区	铺设棕垫或钢板	m²	1 151 807
		彩条旗限界	m	224 050
		填土编织袋拦挡	m³	5 659
		金属围栏	m	413 464
		临时苫盖密目网	m²	60 029
		彩条布铺垫	m²	46 921
		临时排水沟	m	959
		素土夯实	m³	83

6.4 项目初期运行及水土保持效果

6.4.1 初期运行情况

在项目运行过程中,运行管理单位建立了一系列的规章制度和管护措施,实行水土保持工程管理、维护、养护目标责任制,各部门各司其职,分工明确,各区域的管护落实到人,奖罚分明,从而为水土保持措施早日发挥其功能奠定了基础。

本项目水土保持设施运行管护责任分别由各省运行管理单位承担。根据水土保持监测成果,结合项目建设前后遥感影像和现场航拍等资料,水土保持工程措施运行正常,水土保持植物措施小部分局部补植整改后,满足水土保持要求。

目前,水土保持设施运行正常,已安全度汛,项目周围环境有所改善,初显防护效果。运行期的管理维护责任已落实,可以保证水土保持设施正常运行,并发挥作用。

6.4.2　水土保持效果

6.4.2.1　水土流失治理

1. 扰动土地整治率

扰动土地整治率是指项目防治责任范围内的扰动土地整治面积占扰动土地面积的百分比。

$$扰动土地整治率(\%)=\frac{(工程措施+植物措施+永久建筑物及硬化面积)}{防治责任范围面积\times100\%}$$

根据监理、监测数据,经过复核计算,实际扰动土地面积为824.10 hm²,扰动土地整治面积806.57 hm²,扰动土地整治率为97.87%,详见表6-6。

表6-6　扰动土地整治率分析计算

工程项目		项目建设区面积/hm²	建设期扰动面积/hm²	扰动土地治理面积(hm²)				扰动土地整治率/%
				工程措施	植物措施	永久建筑物及硬化面积	小计	
送端换流站		44.80	44.80	0.04	15.63	28.55	44.22	98.71
受端换流站		42.13	42.13	35.57	0.15	5.98	41.70	98.98
接地极工程	送端接地极工程	22.73	22.73	—	22.58	0.04	22.62	99.65
	受端接地极工程	6.89	6.89	6.41	0	0.39	6.80	98.69
线路工程	某省段1	194.38	194.38	18.20	166.46	0.38	185.04	95.19
	某省段2	149.36	149.36	30.00	114.91	0.56	145.47	97.40
	某省段3	137.52	137.52	8.54	127.26	0.64	136.44	99.21
	某省段4	226.29	226.29	163.73	60.11	0.44	224.28	99.11
合计		824.10	824.10	262.49	507.10	36.98	806.57	97.87

2. 水土流失总治理度

水土流失总治理度是指项目防治责任范围内的水土流失治理面积占水土流失总面积的百分比。

$$水土流失总治理度(\%)=\frac{(工程措施+植物措施)}{(防治责任范围面积-永久建筑物及硬化面积)}\times100\%$$

根据收集的数据,经过复核计算,本项目水土流失面积为 787.12 hm²,水土流失治理面积 769.59 hm²,水土流失总治理度为 97.77%,详见表 6-7。

表 6-7　水土流失总治理度分析计算

工程项目		扰动面积/hm²	永久建筑物及硬化面积/hm²	水土流失面积/hm²	水土流失治理面积/hm²			水土流失总治理度/%
					工程措施	植物措施	小计	
送端换流站		44.80	28.55	16.25	0.04	15.63	15.67	96.43
受端换流站		42.13	5.98	36.15	35.57	0.15	35.72	98.81
接地极工程	送端接地极工程	22.73	0.04	22.69	0.00	22.58	22.58	99.52
	受端接地极工程	6.89	0.39	6.50	6.41	0.00	6.41	98.62
线路工程	某省段 1	194.38	0.38	194.00	18.20	166.46	184.66	95.18
	某省段 2	149.36	0.56	148.80	30.00	114.91	144.91	97.39
	某省段 3	137.52	0.64	136.88	8.54	127.26	135.80	99.21
	某省段 4	226.29	0.44	225.85	163.73	60.11	223.84	99.11
合计		824.10	36.98	787.12	262.49	507.10	769.59	97.77

3. 拦渣率

拦渣率是指本项目防治责任范围内采取措施后拦挡的弃土量与弃土总量的百分比。

本项目土石方挖填总量为 419.36 万 m³,其中,挖方 217.89 万 m³,填方 201.47 万 m³,借方 6.27 万 m³,余土 22.69 万 m³。

在工程施工过程中,本工程基础开挖产生的临时堆土均利用密目网、彩条布苫盖防护,位于陡坡位置的临时堆土坡脚布置编织袋拦挡措施防护。实际拦渣率为 98.33%,详见表 6-8。

表 6-8　拦渣率分析计算

工程项目		土方量/万 m³	拦渣量/万 m³	拦渣率/%
送端换流站		48.93	48.07	98.25
受端换流站		28.6	28.06	98.11
接地极工程	送端接地极工程	11.4	11.23	98.52
	受端接地极工程	8.51	8.34	98.00
线路工程	某省段 1	13.32	13.12	98.56
	某省段 2	21.67	21.33	98.41
	某省段 3	27.27	26.94	98.78
	某省段 4	58.19	57.16	98.23
合计		217.89	214.25	98.33

4. 土壤流失控制比

土壤流失控制比是指项目防治责任范围内的容许土壤流失量与治理后的平均土壤侵蚀强度之比。

$$土壤流失控制比(\%) = \frac{容许土壤流失量}{治理后的平均土壤侵蚀强度} \times 100\%$$

根据《土壤侵蚀分类分级标准》(SL 190—2007),本项目涉及青藏高原区、西南土石山区、北方土石山区和南方红壤丘陵区。

根据监测数据,经过复核计算,本项目土壤流失控制比加权平均为 1.02,详见表 6-9。

表 6-9　土壤流失控制比计算

工程项目		容许土壤流失量/ t/(km²·a)	治理后平均土壤侵蚀模数/t/(km²·a)	土壤流失控制比
送端换流站		1 000	975	1.03
受端换流站		200	195	1.03
接地极工程	送端接地极工程	1 000	938	1.07
	受端接地极工程	200	195	1.03

续表6-9

工程项目		容许土壤流失量/ t/(km²·a)	治理后平均土壤 侵蚀模数/t/(km²·a)	土壤流失 控制比
线路工程	某省段1	1 000	1 000	1.00
	某省段2	1 000	1 000	1.00
		500	500	1.00
	某省段3	500	500	1.00
	某省段4	500	500	1.00
		200	196	1.02
合计		607	594	1.02

5. 林草植被恢复率

林草植被恢复率是指项目防治责任范围内已恢复植被面积占防治责任区范围内可恢复林草植被面积百分比,可恢复植被面积是指可以采取植物措施的面积。

$$林草植被恢复率(\%) = \frac{已恢复植被面积}{可恢复植被面积} \times 100\%$$

根据监测数据,经过复核计算,可恢复植被面积524.63 hm²,已恢复植被面积507.10 hm²,项目区林草植被恢复率96.66%。

6. 林草覆盖率

林草覆盖率是指项目防治责任范围内的林草植被面积占项目建设区总面积的百分比。对于青海段生态脆弱区,考虑植被成活率。

$$林草覆盖率(\%) = \frac{林草植被面积}{项目建设区总面积} \times 100\%$$

根据监测数据,经过复核计算,本项目建设区面积824.10 hm²,已恢复植被面积507.10 hm²,林草覆盖率为52.36%,详见表6-10。

表6-10　林草植被恢复率和林草覆盖率分析计算

工程项目	项目建设区 面积/hm²	可恢复植被 面积/hm²	已恢复植被 面积/hm²	林草植被 恢复率/%	林草覆 盖率/%
送端换流站	44.80	16.21	15.63	96.42	34.89
受端换流站	42.13	0.58	0.15	25.86	0.36

续表 6-10

工程项目		项目建设区面积/hm²	可恢复植被面积/hm²	已恢复植被面积/hm²	林草植被恢复率/%	林草覆盖率/%
接地极工程	送端接地极工程	22.73	22.69	22.58	99.52	59.60
	受端接地极工程	6.89	0.09	0	0	0
线路工程	某省段1	194.38	175.80	166.46	94.68	51.38
	某省段2	149.36	118.80	114.91	96.73	76.93
	某省段3	137.52	128.34	127.26	99.16	92.54
	某省段4	226.29	62.12	60.11	96.76	26.56
合计		824.10	524.63	507.10	96.66	52.36

6.4.2.2 水土保持效果达标情况

本项目完成了水土保持方案确定的防治任务,水土保持措施体系合理,水土保持工程质量合格,水土流失防治指标达到或超过了水土保持方案批复的要求。本项目水土流失六项防治目标达到情况详见表 6-11。

表 6-11 水土流失综合防治目标达标情况

六项防治指标	批复的水土流失防治目标	实际达到的水土流失防治指标	达标情况
扰动土地整治率/%	95	97.87	达标
水土流失总治理度/%	92	97.77	达标
土壤流失控制比	1.0	1.02	达标
拦渣率/%	92	98.33	达标
林草植被恢复率/%	94	96.66	达标
林草覆盖率/%	25	52.36	达标

6.4.2.3　典型照片(见表 6-12)

表 6-12　典型照片

塔基区植被恢复	塔基区植被恢复
塔基区植被恢复	塔基区植被恢复
塔基区植被恢复	塔基区植被恢复

续表 6-12

塔基区植被恢复	塔基区植被恢复
塔基区植被恢复	塔基区植被恢复
塔基区植被恢复	塔基区植被恢复

续表 6-12

塔基区植被恢复	塔基区植被恢复
塔基区植被恢复	塔基区植被恢复
塔基区植被恢复	塔基区植被恢复

续表 6-12

塔基区植被恢复	塔基区植被恢复
塔基区植被恢复	塔基区植被恢复
塔基区植被恢复	塔基区植被恢复

续表 6-12

牵张场土地整治	牵张场耕地恢复
塔基区植被恢复	塔基区植被恢复
塔基区浆砌石护坡	塔基区浆砌石挡土墙

续表 6-12

牵张场耕地恢复	施工便道土地整治
塔基区植被恢复	塔基区植被恢复
塔基区浆砌石护坡	牵张场土地整治

续表 6-12

牵张场复耕

施工索道上料口土地整治

施工索道上料口植被恢复

施工索道上料口栽植灌木

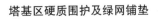

塔基区硬质围护及绿网铺垫

塔基区绿网铺垫

续表 6-12

塔基区硬质围护及绿网铺垫	塔基区彩条布铺垫

塔基区彩条旗围护及绿网铺垫	塔基区临时苫盖

塔基区硬质围护及绿网铺垫	塔基区彩条布铺垫

续表 6-12

塔基区彩条旗围护及绿网铺垫	塔基区临时苫盖

塔基区临时拦挡	塔基区临时苫盖

塔基区硬质围护及绿网铺垫	塔基区彩条布铺垫

续表 6-12

塔基区彩条旗围护及绿网铺垫	塔基区临时拦挡
塔基区临时苫盖	塔基区临时苫盖
塔基区临时苫盖	塔基区临时苫盖

6.5　本章小结

　　本章选取了 1 个典型输电线路工程开展了水土效果分析评价,针对工程复杂多样的地形地貌等自然条件,结合工程水土流失特点,开展了水土保持施工图设计,主要水土保持措施包括土地整治、植被恢复等,其中植被恢复措施主要为多轮植草、植灌草等。该工程实施了水土保持措施后,水土保持恢复效果良好,水土流失防治指标达到或超过了水土保持方案批复的要求。

第 7 章

结论与展望

7.1 结 论

(1)山丘区架空输电线路工程水土流失问题主要发生在塔基基础施工阶段,施工期的塔基区及施工道路区是水土流失问题的主要发生区域,而山丘区塔基区及施工道路区则是水土流失问题重点区域。山丘区架空输电线路工程水土流失问题在八大水土流失类型区中均有发生。

山丘区架空输电线路工程水土流失问题主要包含以下五类,第一,塔基区及施工道路区坡面存在溜渣;第二,施工扰动区域植被覆盖度低;第三,塔基区及施工道路区坡面等局部存在冲沟;第四,塔基区及施工道路区截排水沟设施不完善;第五,施工扰动区域临时苫盖不足。

(2)山丘区架空输电线路工程水土流失问题成因主要是人为施工扰动引起的,人为因素是直接诱因,自然因素则是加剧水土流失问题的催化剂。人为主控因素为施工因素;自然主控因素主要为降雨、土壤、坡度、植被覆盖度。

(3)类似线型工程较为常用的治理措施有菱形浆砌片石网格内植草灌、三维网植草护坡、蜂巢格室覆盖固土绿化、六边形空心砖内植草、拱形骨架护坡内植草灌、浆砌石护坡及纯植物护坡等,可借鉴的综合治理技术包括坡面治理技术、局部冲沟治理技术、植被恢复技术及土地整治技术等,山丘区架空输电线路工程应根据其特点选择适宜的水土流失综合治理技术。

(4)针对八大水土流失类型区自然条件和治理需求,因地制宜,因害设防,提出了山丘区架空输电线路工程主要水土流失问题的综合治理体系,综合治理关键技术主要包括植物措施、土地整治、截排水沟及防风固沙等。较为常用的治理措施有土地整治、单轮或多轮植草或植灌草,植生袋及生态袋建植技术已在部分山丘区架空输电线路工程开展了应用。

(5)对5个典型输变电工程开展了水土流失综合治理,治理技术应用区域水土流失面积总体减少90.00%,均达到了工程所在水土流失类型区水土流失防治一级标准或水土保持方案批复的水土流失防治目标值。

(6)对1个典型输电线路工程开展了水土效果分析评价,该工程地形地貌等自然条件复杂多样,结合线路水土流失特点,主要实施的水土保持措施包括土地整治、植被恢复等,其中植被恢复主要为多轮植草、植灌草等。该工程实施了水土保持措施后,水土保持恢复效果良好,水土流失防治指标达到或超过了水土保持方案批复的要求。

7.2 展 望

本次研究针对5个输变电工程开展了水土流失综合治理,综合治理技术主要为土地整治、常规绿化和工程绿化,常规绿化主要是植草或植灌草、铺草皮建植,工程绿化主要是采用了植生袋及生态袋+SNS柔性防护网支护建植。

但对客土喷播绿化、植被混凝土护坡绿化、生态型框绿化护坡、现浇网格生态护坡、蜂巢格室覆盖固土绿化、拱形骨架植草(灌)、生态排水沟、局部整地等技术,山丘区架空输电线路工程尚未开展广泛应用,上述技术仍待推广应用,山丘区架空输电线路工程也需要探索更多更高效的模式化治理手段。同时,甘肃、宁夏、新疆、青海部分戈壁区,由于生态脆弱,施工扰动后,极难恢复,但目前恢复治理手段相对缺乏,因此该区域亟待需要开展综合治理相关研究。

在水土保持设计方面,绝大部分输变电工程尚未开展施工图阶段水土保持一塔一图设计工作,仅在特高压输变电工程中开展了一塔一图设计,一塔一图设计目前仍处于逐步完善阶段,一塔一图设计与施工现场的贴合性仍需进一步探讨。

参考文献

[1] 陈群香.中国水土保持生态环境建设现状与社会经济可持续发展对策[J].水土保持通报,2000(3):1-4,34.

[2] 杨朝飞.建设高质量的生态示范区[J].环境保护,2000(1):16-19.

[3] 孙青,卓慕宁,朱利安,等.论高速公路建设中的生态破坏及其恢复[J].土壤与环境,2002(2):210-212.

[4] 王军,杨滇平.浅议开发建设项目区的水土流失防治[J].山西水土保持科技,2003(3):41-42.

[5] 蔡强国,范昊明.东北黑土区水土保持生态修复探讨[C]//全国水土保持生态修复研讨会论文集.2004.

[6] 叶建军,许文年,鄢朝勇,等.边坡生物治理回顾与展望[J].水土保持研究,2005(1):173-177.

[7] 李海芬,卢欣石,江玉林.高速公路边坡生态恢复技术进展[J].四川草原,2006(2):34-38.

[8] 胡晋茹,杨建英,赵强.公路建设的生态影响与生态公路建设[J].中国水土保持科学,2006(A1):144-147.

[9] 李青芳,何宜典.公路边坡防护与生态恢复[J].水土保持研究,2006(6):273-275.

[10] 贺亮,李光伟,刘国东,等.500 kV输变电工程水土流失及综合防治[J].亚热带水土保持,2007(4):49-51.

[11] 高旭彪.浅探开发建设项目水土流失预测存在的问题及建议[J].水力发电,2008(1):9-11.

[12] 卜振军,韩富贵,蔡新国.建设清洁水流域 加强水源地保护[J].北京水务,2008(3):56.

[13] 张贞,刘国东,贺亮.康定500 kV输变电工程水土流失防治措施及生态恢复对策[J].亚热带水土保持,2008(2):60-63.

[14] 中华人民共和国国家质量监督检验检疫总局,中国国家标准化管理委员会.GB/T 16453.2—2008 水土保持综合治理 技术规范 荒地治理技术[S].北京:中国标准出版社,2009.

[15] 吕冬梅,白晓军.铁路建设项目中施工便道引发的水土流失分析及相关防治措施[J].铁路节能环保与安全卫生,2011(3):149-151.

[16] 中国水土保持学会水土保持规划设计专业委员会.生产建设项目水土保持设计指南[M].北京:中国水利水电出版社,2011.

[17] 刘登峰,林靓靓.南方红壤丘陵区输变电工程水土保持措施[J].山西水土保持科技,2011(1):40-41.

[18] 杨青青,田日昌.高速公路边坡生态防护初探[J].环境科学与管理,2012(5):160-163,173.

[19] 姜德文.水土保持市场准入资质综述[J].中国水土保持,2013(1):1-6.

[20] 孔繁莉.道路边坡不同生态防护措施侵蚀特征研究[J].建筑知识(学术刊),2013(B8):277.

[21] 尹武君,王健.川东北山地丘陵区输变电工程水土保持措施布设浅析[J].四川环境,2013(3):

136-141.

[22] 孙中峰,杨文姬,宋康.输变电工程建设低扰动水土保持技术研究——以山西省输变电工程为例[J].
水土保持研究,2014(3):62-67.

[23] 中华人民共和国住房和城乡建设部,中国人民共和国国家质量监督检验检疫总局.GB 51018—2014.
水土保持工程设计规范[S].北京:中国计划出版社,2014.

[24] 陈兰,周鸿基,刘纪根,等.输油管道工程特征及其水土流失防治措施——以平原区和丘陵区为例
[J].长江科学院院报,2015(3):15-19.

[25] 康玲玲,刘坤,王泽元.管道工程水土流失防治措施体系构建的思考[J].中国水土保持,2016(11):
38-41.

[26] 郑树海.哈密—河南(郑州)特高压直流工程水土流失防治经验[J].中国水土保持,2018(1):20-22.

[27] 中国水土保持学会水土保持规划设计专业委员会,水利部水利水电规划设计总院.水土保持设计手
册(生产建设项目卷)[S].北京:中国水利水电出版社,2018.

[28] 中华人民共和国住房和城乡建设部,国家市场监督管理总局.GB 50433—2018 生产建设项目水土保
持技术标准[S].北京:中国计划出版社,2018.

[29] 中华人民共和国住房和城乡建设部,国家市场监督管理总局.GB/T 50434 生产建设项目水土流失防
治标准[S].北京:中国计划出版社,2018.

[30] 郑钧潆,田耀金.天然气管道工程水土保持分析评价与防治措施[J].中国人口(资源与环境),2018
(A1):154-156.

[31] 刘皓.高原地区输变电工程水土保持生态保护及恢复途径探析[J].中国水土保持,2018(8):12-14.

[32] 刘敏.特高压输变电工程水土保持设施验收工作探讨[J].中国水土保持,2019(1):16-18.

[33] 蔡维艳.浅析开发建设项目中水土流失与防治[J].建筑工程技术与设计,2019(15):49-57.

[34] 国家市场监督管理总局,国家标准化管理委员会.GB/T 38360—2019 裸露坡面植被恢复技术规范
[S].北京:中国标准出版社,2020.

[35] 王天宇,王硕.伏沙地草原区特高压交流输电线路工程水土流失特征及防治措施[J].中国水土保持,
2020(3):5-7,29.

[36] 曹恒.高速公路水土保持措施体系配置研究[J].山西水利,2020(10):23-24,27.

[37] 韩建青,邹静兵,马文山,等.输变电工程水土流失特征及防治措施探讨[J].科技视界,2020
(28):62-63.

[38] 雷磊,万昊,魏金祥,等.特高压输变电工程水土保持探析[J].中国水土保持,2020(1):15-17.

[39] 赵俊文,李明清,赵占财,等.输变电工程水土保持管理及防治新技术展望[J].科技创新与应用,2020
(33):195-196.

[40] 王婷.干旱荒漠地区输变电工程水土保持实施措施[J].农业与技术,2020(13):52-54.

[41] 宋继明,张智,杨怀伟,王艳,等.“一型四化”生态环境保护管理[M].北京:中国电力出版社,2021.

[42] 曹欣文.水土流失现状及治理措施[J].中华建设,2021(15):26-27.

[43] 郑五洋,王悦,汪龙,等.电网建设项目环境保护和水土保持一体化全过程管控研究与实践[J].数码
设计,2021(1):171-172.

[44] 刘欢,古康逸,李鹏飞,等.输变电工程水土保持技术研究[J].科技视界,2021(3):60-61.

[45] 周晓新.输变电工程的水土流失特点及防治措施[J].山西水土保持科技,2021(3):30-32,36.

[46] 刘建国,卫建军,胡丽萍,等.输变电工程水土保持设施验收技术要点探讨[J].中国水土保持,2021
(2):23-26.

[47] 蓝文远.基于水源保护的生态清洁小流域建设措施布局探究[J].水利科学与寒区工程,2021
(2):89-91.

[48] 郭星,胡志远.输变电工程水土保持措施体系配置研究[J].山西电力,2021(4):54-58.

[49] 王文进.输变电工程建设低扰动水土保持技术及应用研究[J].绿色科技,2021(2):213-214.

[50] 支显峰,李鹏飞,古康逸,等.输变电工程水土保持问题与措施[J].中国高新科技,2021(1):68-69.

[51] 左漪,仓敏,郁家麟,等.江浙地区输变电工程水土保持方案编制要点分析[J].浙江水利科技,2022
(2):49-53,58.

[52] 赵俊文,李明清,赵占财,等.输变电工程水土保持管理及防治新技术展望[J].科技创新与应用,2020
(33):195-196.

[53] 丰佳,潘明九,顾晨临,等.浙西山地丘陵区输变电工程水土流失特征及其防治措施研究[J].水利水
电技术(中英文),2021(A2):503-510.